Neo4j 数据建模和模式设计

【美】史蒂夫·霍伯曼(Steve Hoberman)
【美】大卫·费思(David Fauth) 著
马 欢 武晓今 朱 华 译

机 械 工 业 出 版 社

图作为一种新型的建模方式，非常适合在不确定模式下建模和存储数据。Neo4j 是一款高性能的图数据库，作为图数据库的先驱，已广泛应用在金融风控、知识图谱、社交、政企关系和工业设计等领域。

本书的两位作者，一位是资深的 Neo4j 专家，另一位是建模领域的大师，联合为我们呈现了图数据库 Neo4j 数据建模和模式设计的相关方法与技巧。本书适合所有对数据建模，尤其是非结构化的图建模感兴趣的读者阅读学习。

Steve Hoberman, David Fauth

Neo4j Data Modeling

978-1-634-62191-5

北京市版权局著作权合同登记 图字：01-2023-3860 号。

图书在版编目（CIP）数据

Neo4j 数据建模和模式设计/(美)史蒂夫·霍伯曼(Steve Hoberman)，(美)大卫·费思(David Fauth)著；马欢，武晓今，朱华译. -- 北京 ：机械工业出版社，2024. 7. -- ISBN 978-7-111-76132-7

Ⅰ. TP311. 132. 3

中国国家版本馆 CIP 数据核字第 20240GW066 号

机械工业出版社（北京市百万庄大街 22 号　邮政编码 100037）

策划编辑：张淑谦　　　　责任编辑：张淑谦　丁　伦

责任校对：贾海霞　牟丽英　　封面设计：王　旭

责任印制：刘　媛

涿州市般润文化传播有限公司印刷

2024 年 8 月第 1 版第 1 次印刷

145mm×210mm · 4. 5 印张 · 91 千字

标准书号：ISBN 978-7-111-76132-7

定价：59. 00 元

电话服务　　　　　　　　网络服务

客服电话：010-88361066　机　工　官　网：www. cmpbook. com

　　　　　010-88379833　机　工　官　博：weibo. com/cmp1952

　　　　　010-68326294　金　　书　　网：www. golden-book. com

封底无防伪标均为盗版　机工教育服务网：www. cmpedu. com

译者序

PREFACE

在数字化的时代，文档型数据库、图数据库等 NoSQL 数据库技术日益流行，它为处理大规模、结构化或非结构化数据提供了灵活、高效的解决方案。大型互联网系统的高并发、高可用架构都依赖于各种 NoSQL 数据库产品，很多读者都认为 NoSQL 就是通过反范式化（Denormalization）、无模式化（SchemaLess）设计来获得数据模型及数据结构的灵活性。

然而，NoSQL 数据模型的灵活性，不代表它们可以无条件、无约束地任意发展。中国有句古话“无规矩不成方圆”。我们必须理解 NoSQL 的灵活性可以为软件开发者带来更高效的数据模型迭代效率，以适应数字化及未来 AI 系统的变化需求，但与此同时也应注意到，很多对 NoSQL 和无模式不求甚解的设计，也导致了大量的复杂设计、无效设计，以及引入新的故障点等诸多问题。

灵活性和规范性就像“硬币”的两面。本系列丛书结合传统关系型数据建模理论，以其深入浅出的解析和丰富的实践案例，介绍了 NoSQL 建模的理论和实践，将为正在使用或计划使用 NoSQL 数据库的读者，提供灵活性和规范性平衡的建议及注意事项，是 NoSQL 用户必不可少的工具书，也是这一领域内不可多得的宝贵资源。

本书的出版有赖于武晓今、朱华两位专家的协作，我们一起将这一经典之作翻译成中文。为更贴近数据建模和模式设计时的真实工作环境，以及考虑本书读者群体以计算机等相关专业为主，具备一定英语基础，因此部分图片保持原文状态，可供读者学习时进行准确对比和参考。此外，还有胡刚（CDMP Master）、黄诗华（CDMP Master）和薛晓刚（Oracle ACE-Pro）等几位专家帮助参与了校对、整理等工作，非常感谢以上专家，使本书能够更好地服务于广大的中国技术社区。

在此，还要特别感谢出版社的各位老师，正是你们的辛勤工作和专业贡献，使得这一经典之作能够以全新的面貌，呈现在更多的读者面前。

让我们共同期待，该系列图书中文版的推出，能够成为图数据库领域里程碑式的事件，为所有致力于数据库技术研究、开发和应用的朋友们提供指导和启发，共同开启数据技术的新篇章。

马　欢

目录

CONTENTS

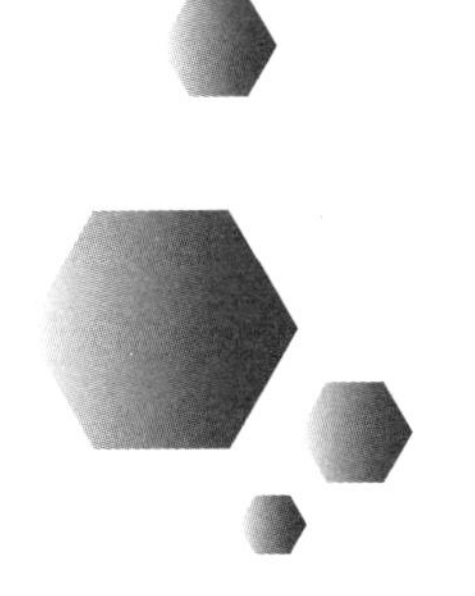

关 于 本 书

我的小女儿能够制作一款美味的布朗尼蛋糕(简称布朗尼)。她是从购买商店里的那些预制面糊开始的，然后逐步添加巧克力

片、苹果醋等“秘方”配料，从而做出了自己独特而美味的蛋糕。

构建设计一个满足用户需求且性能优良的数据库，也需要采取类似的方法。现成的布朗尼预制面糊代表了一个经过验证的成功配方。同样，几十年来已经证明成功的数据建模实践也是如此。巧克力片和其他秘方配料则代表了生产卓越产品的特殊添加剂。Neo4j 有许多特殊的设计考量，就像巧克力片一样。将经过验证的数据建模实践与 Neo4j 特定的设计实践相结合，可以创建一个强有力的交流工具——数据模型，从而极大地提高了用户获得卓越设计和应用的机会。

事实上，“对齐>细化>设计系列丛书”(Align>Refine>Design Series)的每本都包含针对特定数据库产品的概念、逻辑和物理数据建模过程，将最佳的数据建模实践与特定产品设计解决方案相结合。这是一种成功的组合。

我女儿最初制作的几个布朗尼并不成功，尽管作为自豪且饥饿的父亲，我还是把它们吃了——味道还是不错的。当然还需要多加练习，才能做出具有令人惊叹味道的布朗尼。我们在建模方面也需要类似的大量练习。因此，该系列的每本书都通过一个“宠物之家”的案例进行研究，展示建模技术的应用，来强化大家的学习效果。

如果您想学习如何构建多种数据库解决方案，可以阅读该系列的其他书籍，从而帮助您更快地掌握其他数据库解决方案的技巧。

人们提到我的第一个标签是"数据"。我从事数据建模已有30多年了，自1992年教授数据建模大师班开始——目前已达到第10版！我写了9本关于数据建模的书，包括《玫瑰数据石》(*The Rosedata Stone*)和《让数据建模更简单》(*Data Modeling Made Simple*)等。我还使用数据建模评分卡(Data Model Scorecard©)来评审数据模型。我是Design Challenges小组的创始人、数据建模研究院(Data Modeling Institute)数据建模认证考试的创始人、Data Modeling Zone大会的会议主席、技术出版社(Technics Publications)的总监、哥伦比亚大学的讲师，并获得了国际数据管理协会(DAMA)专业成就奖。

和我女儿制作布朗尼的情况类似，我已经完善了采用预制面糊的布朗尼食谱。也就是说，我知道如何建模。然而，我并不是精通每种数据库解决方案的专家。

本系列的每本书都是我与那些经过验证的数据建模实践与具体数据库解决方案专家相结合的产物。在本书中，戴夫(大卫的昵称)和我一起制作布朗尼。我负责处理布朗尼蛋糕现成的部分，而他负责添加巧克力片和其他美味成分。戴夫是Neo4j领域的思想领袖。以下是关于戴夫的更多信息：

我自2012年以来一直在使用Neo4j和图数据库工作。图是人类思考的一种自然扩展，因此这项技术非常吸引人。自2014年加入Neo4j以来，我一直在与客户合作，实施Neo4j以解决他们的业务需求。成功的Neo4j部署始于一个能够帮助业务解决最紧迫问题的数据模型。

希望我们的团队合作能够向您展示利用 Neo4j 来建模的各种解决方案。

本书主要面向以下两类受众群体：

- 数据架构师和建模人员，他们需要扩展包括 Neo4j 在内的建模技能。正如，我们这些知道利用预制面糊制作布朗尼的人，正在寻找如何添加巧克力的秘方。

- 知道 Neo4j 但需要扩展建模技能的数据库管理员和开发人员。也就是说，那些知道如何添加巧克力的人，还需要进一步学习如何将巧克力与现成的布朗尼面糊相结合的人。

本书包括自成一章的模型基础介绍(引言　关于数据模型)，然后是以方法的三个步骤命名的章节。可以将模型介绍一章视作直接用商店预制面糊制作布朗尼的过程，而后续章节则为添加巧克力片和其他可口的配料的过程。这四章内容简单介绍如下：

- 引言：关于数据模型。本章涵盖了精确性、最小化和可视化三个模型特征，实体、关系和属性三个模型组件，业务术语(对齐)、逻辑(细化)和物理(设计)三个模型级别，以及关系、维度和查询三个建模视角。在本章结束时，您将了解数据建模的概念以及如何处理各种数据建模任务。这些内容对需要数据建模基础的数据库管理员和开发人员，以及对需要更新建模技能的数据架构师和数据建模人员都很有用。

- 第 1 章：对齐。本章介绍了数据建模方法的对齐阶段，解释了对齐业务词汇的目的，引入了“宠物之家”案例，然后逐步完成对齐方法。本章对架构师/建模人员和数据库管理员/开发人员两类受众都很有用。

- 第2章：细化。本章介绍了数据建模的细化阶段，解释了细化的目的，细化了“宠物之家”案例的模型，然后逐步完成了细化方法。本章对架构师/建模人员和数据库管理员/开发人员两类受众都很有用。

- 第3章：设计。本章介绍了数据建模的设计阶段，解释了设计的目的，为“宠物之家”案例设计了模型，然后逐步完成了设计方法。本章对架构师/建模人员和数据库管理员/开发人员两类受众都很有用。

本书第1~3章都以三个贴士和三个要点结束。我们的目标是尽可能简洁全面，以充分节省您的学习时间。

本书中的大多数数据模型是使用 Hackolade Studio（https://hackolade.com）软件创建的，您可以参考页面 https://github.com/hackolade/books 上附带的数据模型示例。

下面，让我们开始吧！

史蒂夫和大卫

引言

关于数据模型

本章借助如何利用预制面糊来制作布朗尼蛋糕的过程，讲述了数据建模的原则和概念。除了解释数据模型概念外，本章还介

绍了数据模型的精确性、最小化和可视化三个特征，数据模型的实体、关系和属性三个组件，数据模型的业务术语(对齐)、逻辑(细化)和物理(设计)三个级别(层次)，以及数据建模的关系、维度和查询三个视角。到本章结束时，您将了解如何处理各类的数据建模任务。

数据模型定义

模型是对某个场景的精确表达。精确意味着对模型的理解只有一种含义——既不模糊也不取决于某人的解释。你我以完全相同的方式理解同一个模型，这使得模型成为极有价值的交流工具。通常大家需要"说"同一种语言才能开展讨论。也就是说，一旦我们知道如何读取模型上的符号(语法)，就可以讨论这些符号所代表的内容(语义)。

一旦搞懂了语法，就可以继续讨论语义。

例如，图 I-1 所示的地图可帮助游客浏览城市。一旦知道地图上符号的含义，如表示街道的线条，游客们就可以阅读地图，并将其用作有价值的观光导航工具。

建筑设计图或户型设计图可以辅助设计师表达建筑计划。图 I-2 所示为各种表示符号，比如用矩形表示房间、用线条表示管道。一旦我们知道图上的矩形和线条代表什么，就知道建筑结构将会是什么样子，并能够理解整个建筑景观。

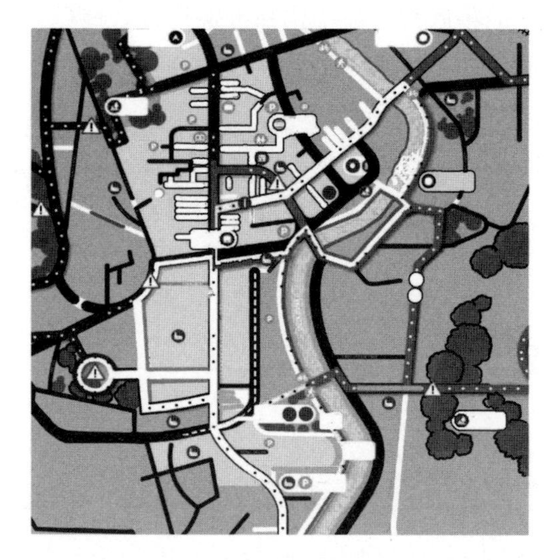

图 I-1 地图

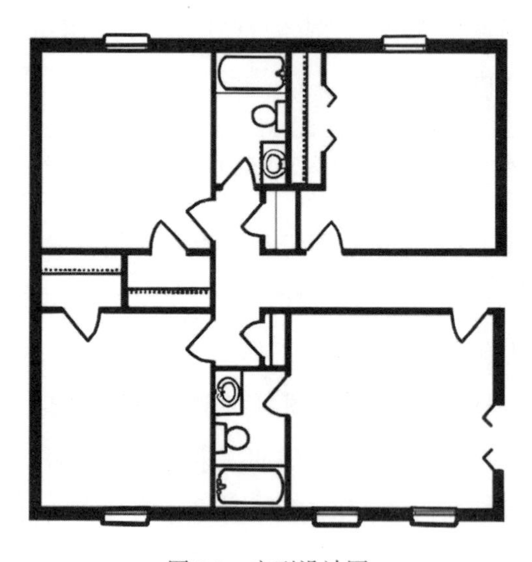

图 I-2 户型设计图

图 I-3 所示的数据模型可以帮助业务和 IT 专业人员表达特定项目的业务词汇和业务需求。数据模型也包含了各种表示符号，比如用矩形表示业务术语，用线条捕捉这些术语之间的相互关系。一旦我们知道数据模型上的矩形和线条代表什么，就可以针对该项目的词汇和需求进行讨论，并最终达成一致意见。换句话说，我们理解了特定的信息场景。

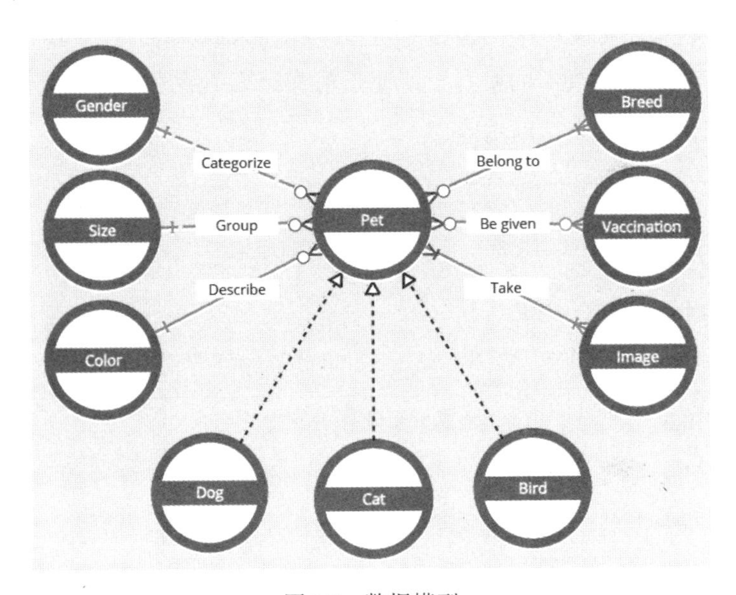

图 I-3 数据模型

数据模型是信息场景的精确表示。通过构建数据模型可以确认和记录对不同视角的理解。

除了精确性之外，模型还有两个重要特征是最小化和可视化。接下来讨论模型的这三个特征。

模型的三个特征

模型之所以有价值，就是因为其精确性——只有一种可以解释模型上符号含义的方法，因此必须将口头和书面沟通中的模糊内容转化为精确的语言表达。精确并不意味着复杂——要保持语言的简单，只显示能成功沟通所需的最少信息。此外，遵循“一图胜过千言万语”的格言，即使是精确而简单的语言，也需要用可视化的手段来辅助沟通。

精确性、最小化和可视化是模型的三个基本特征。

精确性

Bob：你的课程(Course)进展如何？

Mary：进展顺利。但是我的学生(Student)抱怨作业太多了。他们告诉我还有很多其他课程(Class)。

Bob：我的高级研修班(Session)学员(Attendee)也这么说。

Mary：我没想到研究生也会这么说。不管怎样，你这个学期(Semester)教了多少门课程(Offering)？

Bob：这个学期(Term)我一共教了5门课程(Offering)，其中一门是晚上的非学分课程(Class)。

我们可以让这次对话再继续增加几页纸的交谈内容，但你看

到这个简单对话中的歧义了吗？

- 不同的课程称呼（**Course**、**Class**、**Offering** 和 **Session**）有什么区别？
- 不同的学期称呼（**Semester** 和 **Term**）是一回事吗？
- 不同的学生称呼（**Student** 和 **Attendee**）一样吗？

精确意味着“精确或清晰地定义或陈述”。精确意味着一个术语只有一种解释，包括该术语的名称、定义和与其他术语的关系。组织中面临的增长、信任和生存有关的大多数问题，都源于缺乏精确性。

在最近的一个项目中，史蒂夫需要向一群高级人力资源主管解释数据建模。这些高级管理人员领导的部门负责实施非常昂贵的全球员工费用系统。史蒂夫觉得这些忙碌的人力资源主管们需要数据建模课程。所以，他要求坐在会议室中的每位经理写下他们对员工的定义。几分钟后大家停笔，史蒂夫要求大家分享他们对员工的定义。

像预期的那样，没有哪两个定义是相同的。例如，一位经理给出的定义中包括临时工，而另一位则包括暑期实习生。大家没有试图就员工的含义达成共识花费更多的会议时间，而是把时间花在了讨论为什么要创建数据模型上，包括精确性的价值。史蒂夫解释说，这将是一个艰难的旅程——我们就员工的定义达成一致，并以数据模型的形式对其进行记录，使得之后任何人都不必再经历同样的痛苦过程。相反，大家可以使用和扩展现有的模型，为组织带来更多价值。

保持术语的精确性是一项艰苦的工作，需要将口头和书面沟通中的模糊陈述转换一种形式，使得多人阅读有关该术语的内容时，每个人都能获得该术语的单一清晰画面，而不是各种不同的解释。例如，一组业务用户最初将“产品”定义为：

我们生产出来旨在出售以获取利润的东西。

这个定义精确吗？如果你和我都读到这个定义，我们每个人都清楚“东西”（Something）是什么意思吗？东西是有形的像锤子，还是某种服务？如果它是锤子，我们将这个锤子捐赠给一个非营利组织，它还是产品吗？毕竟，我们没有从中获利。“旨在”（Intending）这个词可能基本表达了我们的想法，但接下来不应该更详细地解释一下吗？到底“我们”是谁？是我们整个组织还是它的某个子集？还有“利润”（Profit）一词的含义是什么？两个人是否会以完全不同的方式理解“利润”这个词？

现在，你应该明白了问题所在。我们需要像分析师一样找到文本中的差距和模糊陈述，使术语更为精确。经过一些讨论后，我们将产品定义更新为：

产品，也称为成品，要达到可以销售给消费者的状态。它已完成制造过程，包含包装，并贴有可以销售的标签。产品不同于原材料和半成品，像糖或牛奶这样的原材料，以及像熔化的巧克力这样的半成品，永远不会销售给消费者。如果将来可以直接向消费者销售糖或牛奶，那么糖和牛奶也将成为产品。

例子：某些产品

黑巧克力 42 盎司

柠檬味饮料 10 盎司

蓝莓酱汁 24 盎司

至少请 5 个人看看他们是否都清楚这个特定项目对产品的定义。测试精确性的最佳方法是尝试破坏定义。可以想出很多例子，看看每个人对于这些例子是否属于产品都做出相同的决定。

1967 年，米利(G. H. Mealy)在一篇白皮书中做了以下陈述：

看起来，关于**数据**我们没有一个非常清晰和普遍认同的概念——无论是关于**数据**是什么，**数据**应该如何获取和管理，还是**数据**与编程语言和操作系统是否有关系[㊀]。

尽管米利先生是 50 多年前提出了这一说法，但如果用“**数据库**”一词替换“**编程语言和操作系统**”，今天的类似说法依然成立。

致力于精确性可以帮助我们更好地理解业务术语和业务需求。

最小化

现今的世界充满了足以压垮我们感官的各种噪声，使得我们

㊀ G. H. Mealy, Another Look at Data, AFIPS, pp. 525-534, 1967 年秋季计算机联合会议记录, 1967。

很难聚焦那些做出明智决定所需的相关信息。因此，模型应该包含一组最小化的符号和文本，通过仅包含我们需要的表达来简化现实世界。

模型中过滤掉了很多信息，创建了一个不完整但极其有用的现实反映。例如，我们可能需要有关客户的描述性信息，如姓名、出生日期和电子邮件地址。但我们不会包括添加或删除客户的过程信息。

可视化

可视化意味着采用图像而非大量文本。人们的大脑可以比文本快六万倍的速度处理图像，而且传输到大脑中有 90% 是视觉信息[㊀]。

有时我们可能会阅读整个文档，但在看到总结性的图形或图片之前，都不会获得那一刹那的明确性。想象一下从一个城市到另一个城市的情况，阅读文字导航信息，与阅读可视化路况地图的感受对比。

模型的三个组件

数据模型的三个组件是实体、关系和属性(包括键)。

㊀ https://www.t-sciences.com/news/humans-process-visual-data-better。

实体

实体是对于业务有重要意义的一组信息集合。它是一个名词，被认为是针对特定项目受众的基本和关键名词。“基本”意味着在讨论该项目时，此实体在对话中被频繁提及。“关键”意味着如果没有这个实体，该项目将会有显著差异或不存在。

大多数实体很容易识别，包括跨行业常见的一些名词，如客户、员工和产品。实体可以基于受众和项目范围在部门、组织或行业内有不同的名称和含义。航空公司可以将客户称为乘客，保险公司可以将客户称为保单持有人，但他们都是商品或服务的接受者。

每个实体都可以归类为六个类别之一：谁（Who）、什么（What）、何时（When）、哪里（Where）、为什么（Why）或如何（How）。也就是说，每个实体只能是谁、什么、何时、哪里、为什么或如何中的一种。表 I-1 包含实体类别的定义以及示例。

“实体”这个术语的含义是广泛的，与技术无关。例如，在 Oracle 中，实体是一个表或视图。在 MongoDB 中，实体是一个集合。在 Neo4j 中，一个单独的实体被称为节点，而一组实体则使用**标签**进行分组。

表 I-1　实体类别的定义和示例

类　别	定　义	例　子
Who	与项目有关的人员或组织	员工、病人、球员、客户、供应商、学生、乘客、竞争对手、作者

（续）

类　别	定　义	例　子
What	与项目有关的产品或服务。组织生产或提供保持其业务运转的东西	产品、服务、原材料、成品、课程、歌曲、照片、税务准备、保单、品种
When	与项目有关的日历或时间间隔	时间表、学期、财务期间、持续时间
Where	与项目有关的位置。位置可以指实际地点以及电子地点	员工家庭住址、分销点、客户网站
Why	与项目有关的事件或交易	订单、退货、投诉、提现、付款、交易、索赔
How	与项目有关的事件的记录。记录诸如采购订单（如何）、记录订单事件（为什么）的事件。文件提供了事件发生的证据	发票、合同、协议、采购订单、超速罚单、装箱单、交易确认

下面是关于图（Graph）的简要说明。

图和图数据库存储的是数据实体之间的关系。实体之间的关系被认为与实体本身一样重要。用户可以基于数据之间的关系类型遍历数据，并识别路径、模式（正常或异常）、社区、故障点以及许多其他分析用途。图允许企业连接各种数据集并运行大规模分析。

像 Neo4j 这样的图数据库中存储的是节点和关系，而不是表格或文档。数据存储的方式就像在白板上勾画你的想法一样，不受预定义模型的限制，这使得对数据的思考和使用方式非常灵活。

由于数据在存储时已经完成**连接**，因此这些遍历查询操作可以在亚秒级别的时间内运行完成，而不是几小时或几天。数据库无须持续地理解识别企业的数据模式来连接它们。

在图 I-4 所示的示例中，企业可能希望创建一个欺诈检测图。该图将包括实体及其标识符，如社会保障号码(SSN)和电子邮箱(Email)。一旦该图创建完成，就可以执行查询来识别那些共享标识符的用户。用户还可以运行社区检测算法来识别欺诈团伙。

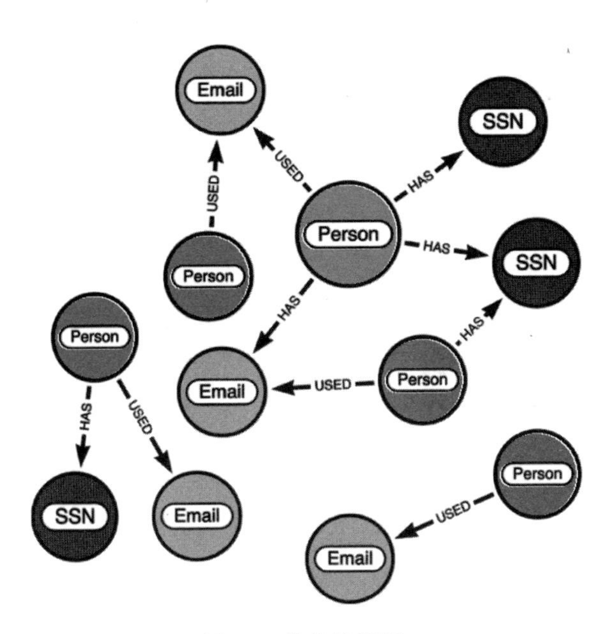

图 I-4　欺诈检测图

Neo4j 是一种标记属性图(Labeled Property Graph，LPG)。标记属性图是图数据库的一种类型。在 LPG 数据库中，图由节点和关系组成。节点是实体的一个实例，而关系提供了两个节点之间的有向命名连接。节点和关系都可以具有描述节点或关系的属性，如图 I-5 所示。

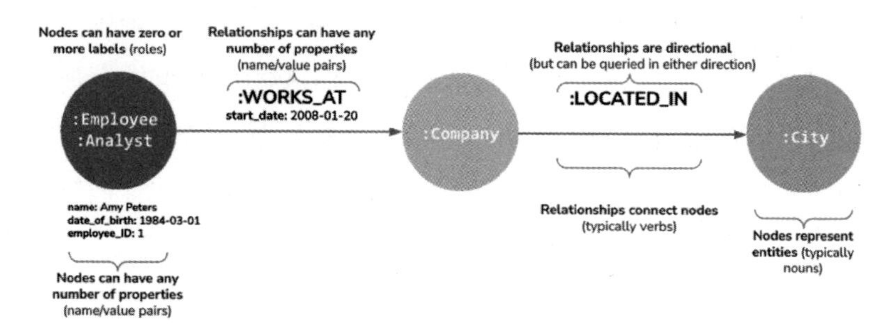

图 I-5 节点和关系

注：Nodes can have zero or more labels(roles)，每个节点可以有 0 个或多个标签（角色）；Nodes can have any number of properties(name/value pairs)，每个节点可以有任意数量的属性(名/值对)；Relationships can have any number of properties(name/value pairs)，每个关系可以有任意数量的属性(名/值对)；Relationship are directional (but can be queried in either direction)，关系是有方向的(但是可以从任意方向进行查询)；Relationships connect nodes(typically verbs)，关系连接了两个节点(典型的动词)；Nodes represent entities(typically nouns)，节点代表了实体(典型的名词)

Neo4j 使用标签来将节点分组(分类)到集合中，其中所有具有特定标签的节点属于同一集合。一个标签等同于一个实体。从本书的这一刻开始，在讨论 Neo4j 模型时，我们将使用**标签这个**术语来代替**实体**。在讨论传统数据模型时，我们会继续使用**实体这个术语**。

实体实例是某个实体的具体个例、示例或代表。实体**狗**

(**Dog**)可能有多个实例，如“斑点”“黛西”和“米斯蒂”。实体**品种**(**Breed**)也可能有多个实例，如“德国牧羊犬”“灰狗(意大利灰狗)”和“比格犬”(米格鲁猎兔犬)。

Neo4j 使用**节点**这个术语来表示实体实例，比如“斑点”“黛西”和“米斯蒂”都是狗的具体实例。从本书的这一刻开始，在讨论 Neo4j 模型时，我们将使用**节点**这个词代替**实体实例**。在讨论传统数据模型时，我们将保留**实体实例**的叫法或简称**实例**。

例如，在我们的项目中，可能会有多个宠物个体(例如“斑点”“黛西”和“米斯蒂”)，我们会将它们都打上**宠物**标签。对于各种不同的品种，比如贵宾犬(泰迪犬)、拳师犬、梗犬等，我们也会为它们分配一个**品种**标签。在传统的数据模型中，实体通常以矩形的形式表示，就像宠物之家的这两个实体，如图 I-6 所示。

图 I-6　传统实体

而在 Neo4j 的 LPG 数据模型中，我们将对一组个体进行建模并分配一个标签。这组个体将在数据模型中显示为圆圈，并通过标签名称进行标识。在 Neo4j 中，**宠物**和**品种**实体如图 I-7 所示。

一个实体实例可以属于多个实体。例如，鲍勃可以是**雇员**

(Employee)、**学生**(Student)或**消费者**(Consumer)。鲍勃还可以是泛化的人(**Person**)实体的一个实例。

图 I-7 Neo4j 中的宠物和品种实体

在关系数据库(如 Oracle)中，鲍勃可能会存储在四个不同的表中(Person、Employee、Customer、Student)，或者会在 Person 表中由不同的列来指示他的实体类型。而在 Neo4j 中，我们可以为鲍勃这个节点分配诸如 Employee、Customer、Student 和 Person 多个标签，如图 I-8 所示。这样只有一个节点，但该节点包含多个标签。这种方法可以使我们更灵活地表示实体的多重关系。

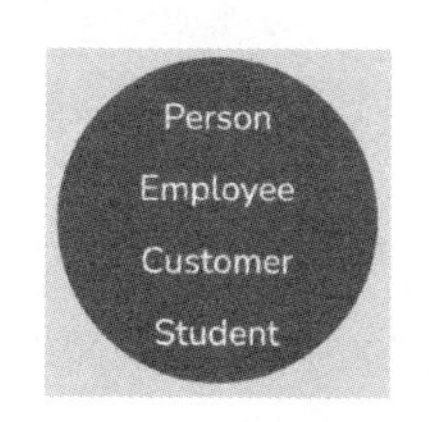

图 I-8 一个节点可以包含多个标签

从数据建模的目的考虑，如果以子类(Subclass)的方式表示，可能让业务用户更容易理解，如图 I-9 所示。

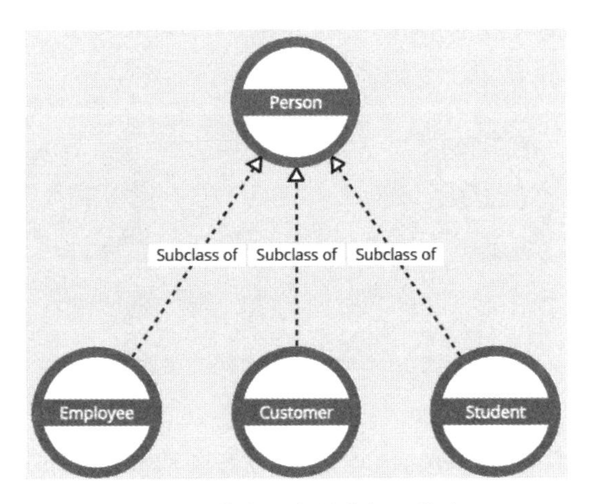

图 I-9　带有子类的多标签节点

关系

关系捕捉了连接两个名词的动作。在传统数据模型中，一个关系连接了两个名词，这两个名词代表两个实体。而在 Neo4j 中，一个关系同样连接了两个名词，这两个名词代表两个节点。

在 Neo4j 中，一个关系存在于两个单独的节点之间。没有隐含的继承关系。如果我们有一组带有**宠物**(Pet)标签的节点和一组带有**品种**(Breed)标签的节点，不是每个**宠物**个体都必须与一个带有**品种**(Breed)标签的节点有关系。我们可能不知道宠物名称为靴子的品种是什么。图 I-10 所示为可能的模型。

既然关系存在于个体节点之间，而 Neo4j 不要求标签之间的强制关系，因此我们可能会看到没有品种的宠物以及没有宠物的品种。这种情况在 Neo4j 中是允许的。

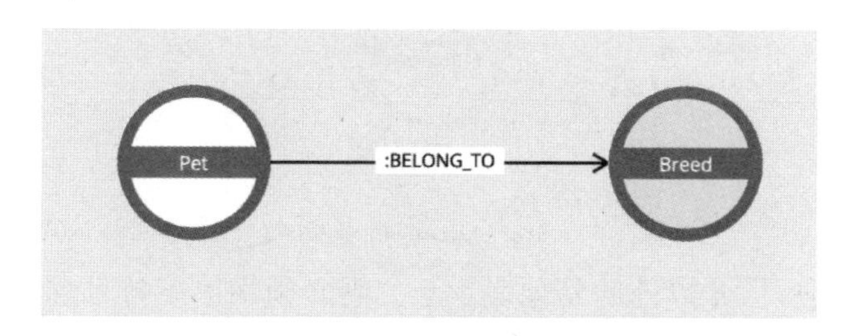

图 I-10 两个标签之间的关系

作为最佳实践，我们会创建标签之间的关系，而不是基于个别数据进行建模。例如，图 I-11 所示为宠物(Pet)和品种(Breed)之间的传统关系。

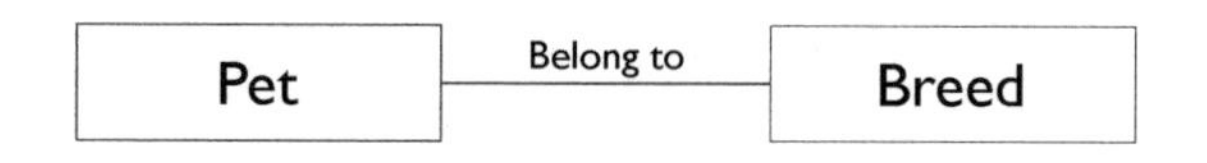

图 I-11 宠物和品种之间的传统关系

属于(**Belong to**)一词称为标签(Label)。标签为关系赋予了含义。我们不仅可以说**宠物**(Pet)可能与**品种**(Breed)相关，还可以说**宠物**(Pet)可能属于某个**品种**(Breed)。**属于**(**Belong to**)比**相关**(**Relate**)含义更具体。

到目前为止，我们知道**关系**用来表示两个实体之间的业务连接。如果能够更多地了解关系的信息将更有意义，例如一个**宠物**(Pet)是否可以属于多个**品种**(Breed)，或者**一个品种**(Breed)是否可以分类多个**宠物**(Pet)。接下来我们介绍基数的概念。

基数(Cardinality)指的是关系线上的附加符号，用于表示一个实体中的多少个实例参与到与另一个实体的关系中。

目前业界有几种模型表示法，每种方法都有自己的一套符号。在本书中，我们使用一种称为信息工程(IE)的表示法。自20世纪80年代初以来，IE一直是非常流行的表示法。如果您的组织内使用IE以外的其他表示法，则必须将以下符号翻译成您使用方法中的相应符号。

我们可以选择0、1或多的任意组合。多(Many，有些人使用More)指1个或多个。是的，多包括1个。指定1个或多个表示捕获多少数量的实体实例参与给定关系。指定0或1个表示关系中该实体实例是否必需。

回想一下宠物(Pet)和品种(Breed)之间的传统关系，如图I-12所示。

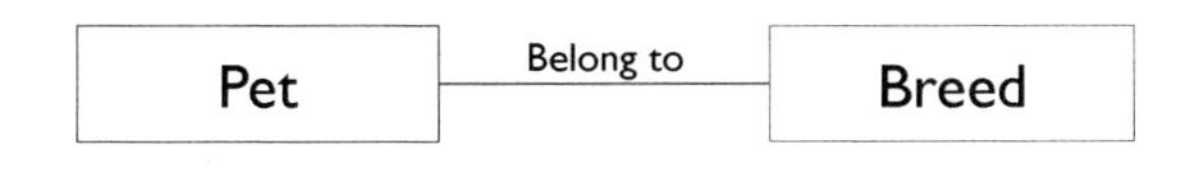

图I-12　宠物和品种之间的传统关系

现在把基数添加到关系中。首先询问几个参与性(Participation)问题以获得更多信息。参与性问题可以告诉我们关系是“1”还是“多”。例如：

- 一只**宠物**可以属于多个**品种**吗？
- 一个**品种**可以有多只**宠物**吗？

可以用一个简单的电子表格来记录这些问题及其答案：

问　　题	是	否
一只宠物可以属于多个品种吗？		
一个品种可以有多只宠物吗？		

我们咨询了宠物之家的专家并得到了如下答案：

问　　题	是	否
一只宠物可以属于多个品种吗？	√	
一个品种可以有多只宠物吗？	√	

我们了解到，一只**宠物**可以属于多个**品种**。例如，黛西是比格犬和梗犬的混种。我们也了解到，一个**品种**可以有多只宠物。例如，斯帕基和斑点都是格雷伊猎犬。

在 IE 表示法中，“多”（指 1 个或多个）在数据模型上是一个看起来像鸭掌的符号（数据人俗称它为鸭掌模型），如图 I-13 所示。

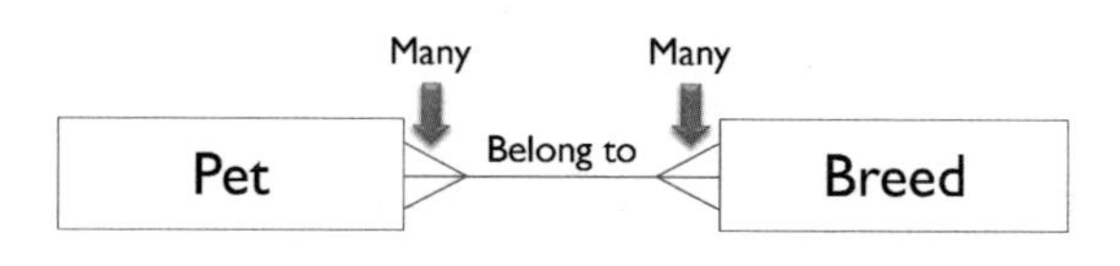

图 I-13　显示参与性问题的答案

现在我们对关系有了更多的了解：

- 每只**宠物**可以属于多个**品种**。
- 每个**品种**可以有多只**宠物**。

在阅读关系时，我们会使用“每”（Each）这个词，通常这个词用在对读者是最有意义的，也是关系标签最清晰的那个实体前面。

到目前为止，这个关系还不够精确。所以，除了问前面两个参与性问题之外，我们还需要问几个存在性(Existence)问题。存在性问题告诉我们对于每个关系，一个实体是否可以在没有另一个实体存在的情况下存在。例如：

- 一只**宠物**可以没有明确**品种**而存在吗？
- 一个**品种**可以没有**宠物**而存在吗？

我们询问了宠物之家的专家并得到了这些答案：

问　题	是	否
一只宠物可以没有明确品种而存在吗？		√
一个品种可以没有宠物而存在吗？	√	

我们了解到，一只**宠物**(**Pet**)不能没有明确品种而存在，而一个**品种**(**Breed**)可以没有**宠物**而存在。这意味着，例如，宠物之家可能没有吉娃娃。然而，我们需要为每只宠物确定一个品种(在这种情况下是一个或多个品种)。我们首次见到黛西，就需要确定其品种，比如是比格犬或梗犬中的至少一个。图 I-14 所示为这两个问题的答案。

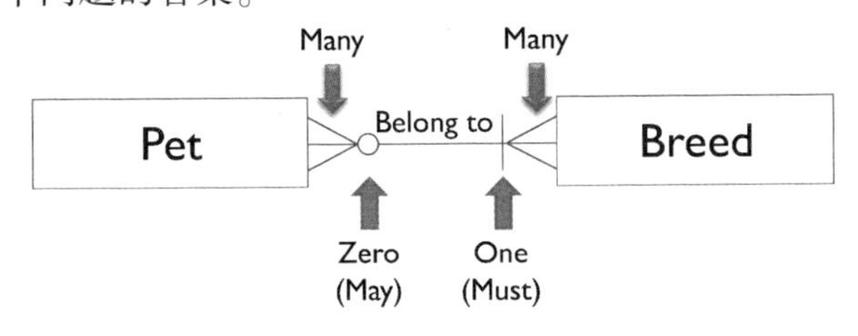

图 I-14　显示存在性问题的答案

在补充了存在性之后，我们有了一个更精确的关系：

- 每只**宠物**必须(Must)属于 1 个或多个**品种**。
- 每个**品种**可能(May)有多只**宠物**。

存在性问题也称为 May/Must 问题。在阅读关系时，存在性问题告诉我们是使用 May 还是 Must。0 表示 May，指可选性——该实体可以在没有另一个实体的情况下存在。例如，**品种**可以在没有**宠物**的情况下存在。1 表示“必须”，指一定需要——该实体不能在没有另一个实体的情况下存在。例如，**宠物**必须属于至少一个**品种**。

如果我们的工作处于详细逻辑数据模型(稍后将详细讨论)层面，还需要问另外两个问题，称之为识别性(Identification)问题。

识别性问题告诉我们对于每个关系，一个实体是否可以在没有另一个实体的情况下识别出来。例如：

- 不确定**品种**就可以标识**宠物**吗？
- 不确定**宠物**就可以标识**品种**吗？

我们咨询了宠物之家的专家并得到了这些答案：

问　题	是	否
不确定品种就可以标识宠物吗？	√	
不确定宠物就可以标识品种吗？	√	

我们了解到，在不知道**品种**的情况下可以识别**宠物**。我们可以在不知道斯帕基是德国牧羊犬的情况下把它叫作斯帕基。此

外，我们可以在没有来自宠物的任何信息的情况下识别**品种**。这意味着，例如，我们可以在没有任何**宠物**信息的情况下标识出吉娃娃品种。

图 I-15 所示的模型图中用虚线标识非识别关系，也就是说，当两个问题的答案都是“是”的情况。用实线捕获识别关系，也就是说，当其中一个答案是“否”的情况。

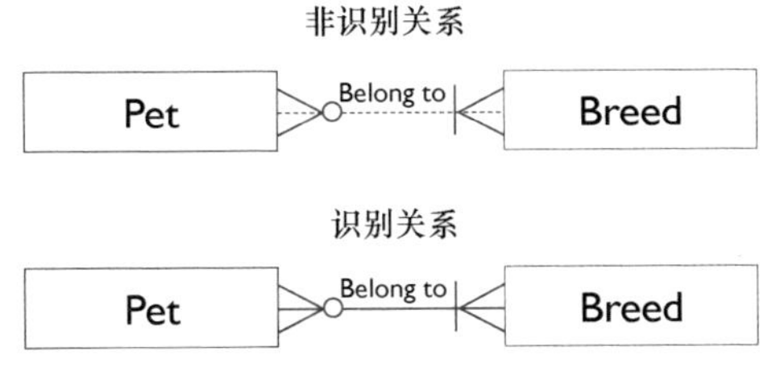

图 I-15　非识别关系(上)和识别关系(下)

所以，总结一下，参与性问题揭示了每个实体与另一个实体是否具有一对一或一对多的关系。存在性问题揭示了每个实体与另一个实体是否具有可选的(May)或强制的(Must)关系。识别性问题揭示了每个实体是否需要另一个实体来返回唯一的实体实例。

开始的时候，使用具体的示例可以让事情变得更容易理解，并最终帮助您向同事解释模型。参见图 I-16 所示的示例。

从这个数据集可以看出，某个**宠物**可以属于多个**品种**，比如麦琪(Maggie)既是德国牧羊犬(German Shepherd)又是格雷伊猎犬(Greyhound)的混种。您还可以看到每个**宠物**必须属于至少一个**品种**。我们也可以有一个暂时不存在任何**宠物**的**品种**，比如吉娃娃(Chihuahua)。此外，一个**品种**可以包括多只**宠物**，比如乔(Joe)、杰夫(Jeff)和斯帕基(Sparky)都是比格犬(Beagle)。

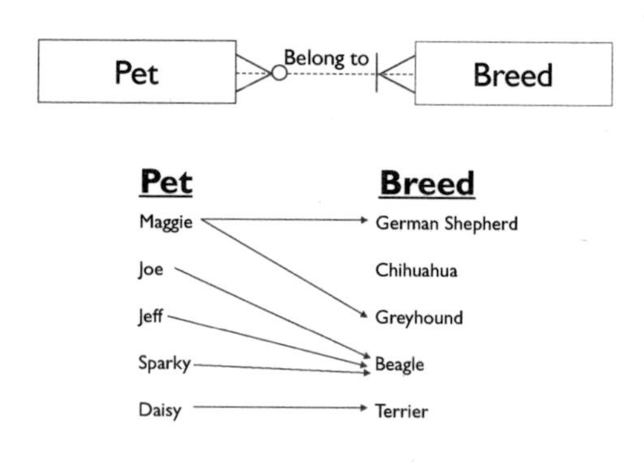

图 I-16　使用示例数据验证关系

假设我们对 6 个问题的答案略有不同：

问　　题	是	否
一只宠物可以属于多个品种吗？		√
一个品种可以有多只宠物吗？	√	
一只宠物可以没有品种而存在吗？		√
一个品种可以没有宠物而存在吗？	√	
不知道品种就可以识别宠物吗？	√	
不知道宠物就可以识别品种吗？	√	

这 6 个问题答案推导出以下模型，如图 I-17 所示。

在上面这个模型中，只能包括纯种**宠物**，因为只能为每只**宠物**分配唯一一个**品种**。这里没有杂交品种！

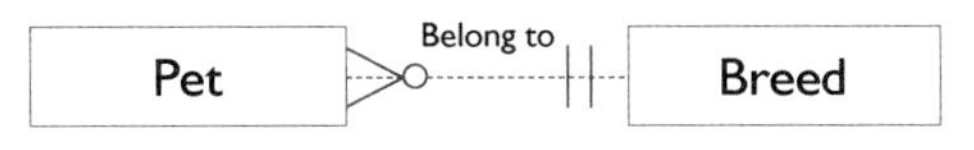

- 每只宠物必须属于一个品种
- 每个品种可以有多只宠物

图 I-17 不同的问题答案会导致不同的基数

在 Neo4j 关系中，我们不收集参与性、存在性和识别性问题。

在 Neo4j 中也存在关系的概念，但它与传统数据模型中的关系概念既相似又不同。因为在 Neo4j 中，关系连接了两个标签，这一点与传统数据建模中的关系相似。不同之处在于，关系传达的信息。在传统数据建模中，关系精确收集了参与性、存在性和识别性规则。而在 Neo4j 中，关系通常更灵活，不强制收集这些规则，因此允许更自由的数据建模。这使得 Neo4j 能够处理不同类型的数据模型需求。

在 Neo4j 中，关系确切地描述了从一个标签导航到另一个标签的路径，包括关系的方向和关系的类型。Neo4j 要求应用程序来管理参与性、存在性和识别性规则。这使得对数据模型的控制更多地依赖于应用程序的逻辑来实现。这种灵活性允许开发人员根据具体需求自定义数据模型的规则。

Neo4j 是一个 NoSQL 数据库。因此，它不能强制执行我们刚刚讨论的关系规则。尽管我们可以对这些规则进行建模，但实施规则将取决于设计应用程序的软件开发人员。例如，图 I-18 所示的 Neo4j 中的模型(关系)。

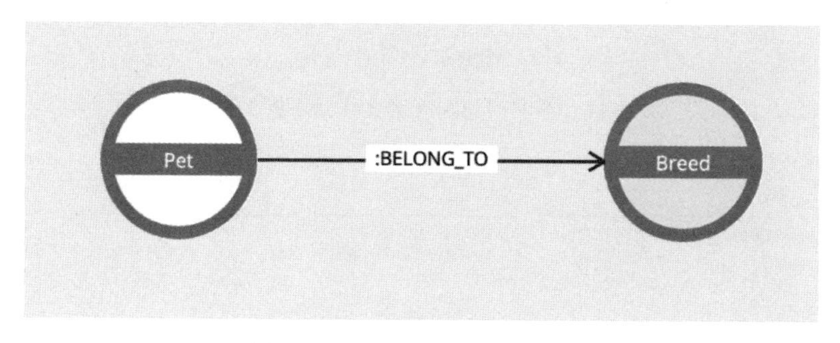

图 I-18 Neo4j 中的模型(关系)

在 Neo4j 中，**属于(BELONG_TO)**这个词被称为**关系类型**。关系类型是**从**一个节点**到**另一个节点的。例如，在上面的模型中，**属于**关系是从宠物(Pet)到品种(Breed)的。

在传统数据建模中，还可以存在子类型关系(Subtyping relationship)。子类型关系将共同的实体分组在一起。例如，**狗**(Dog)和**猫**(Cat)实体可以在更通用的**宠物**(Pet)术语下使用子类型分组。在图 I-19 所示的例子中，宠物(Pet)被称为组合实体或超类型(Supertype)，而狗(Dog)和猫(Cat)是分组实体，也称为子类型(Subtype)。

可以这样理解上述模型：

- 每个宠物(Pet)可以是狗(Dog)，也可以是猫(Cat)。
- 狗(Dog)是一种宠物(Pet)。
- 猫(Cat)是一种宠物(Pet)。

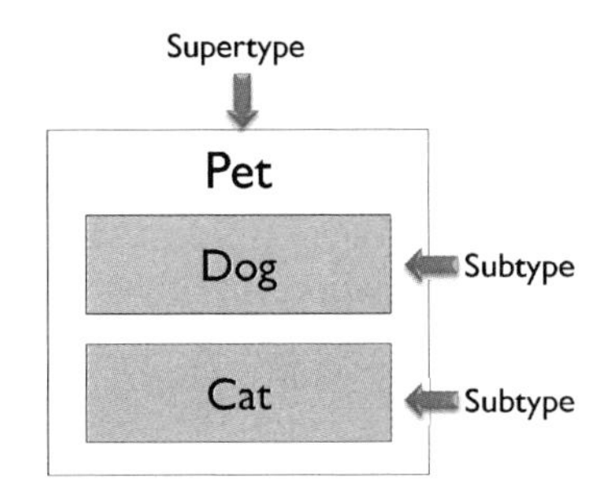

图 I-19　子类型关系类似于继承的概念

子类型关系意味着属于超类型的所有关系（和后面要学习的属性）也属于每个子类型。因此，与宠物(Pet)的关系同样也属于狗(Dog)和猫(Cat)。例如，猫也可以被分配品种，因为与品种(Breed)的关系存在于宠物(Pet)层面，而不是狗(Dog)层面，这个关系涵盖了猫和狗。请参见图 I-20 所示的示例。

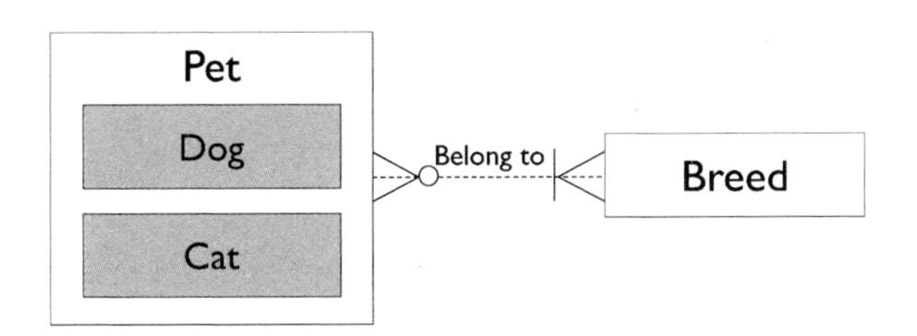

图 I-20　与宠物(Pet)的关系被继承到了狗(Dog)和猫(Cat)

因此，如下这个关系：

- 每个宠物(Pet)必须属于多个品种(Breed)。
- 每个品种(Breed)可以对多个宠物(Pet)进行分类。

同样适用于狗和猫：

- 每只狗必须属于多个品种。
- 每个品种可以对多只狗进行分类。
- 每只猫必须属于多个品种。
- 每个品种可以对多只猫进行分类。

子类型不仅可以减少冗余，而且还可以更容易地表达不同概念的相似性。

如果业务逻辑和需求有这样的要求，Neo4j 可以通过额外的关系类型来支持子类型关系。子类型关系将共同的标签分组在一起。例如，狗(**Dog**)和猫(**Cat**)的标签可以采用更通用的宠物标签进行子类型关系分组，如图 I-21 所示。

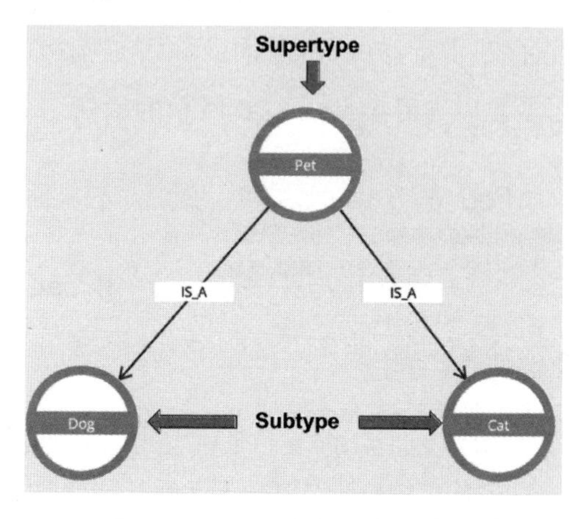

图 I-21　Neo4j 中的子类型关系

- 每只宠物(Pet)可以是狗(Dog)或猫(Cat)。
- 狗(Dog)是一种宠物(Pet)。

- 猫(Cat)是一种宠物(Pet)。

与您可能熟悉的其他数据库管理系统不同，Neo4j 不支持继承。这意味着猫(Cat)或狗(Dog)不会继承宠物(Pet)的所有属性。在 Neo4j 中，每个节点(包括子类型节点)都可以有自己的属性，而不会继承超类型节点的属性。因此，每个节点需要单独定义其自身的属性。

在我们的示例中，子类型关系 **IS_A** 允许用户从**猫**(Cat)或**狗**(Dog)节点遍历到**品种**(Breed)节点的关系。**一只猫是一种宠物，属于某个品种**。使用 Neo4j 的 Cypher 语言表示为

(:Cat)-[:IS_A]->(:Pet)-[:BELONG_TO]->(:Breed)

这条 Cypher 查询表示了从猫到品种的关系路径。

Cypher 是 Neo4j 的图查询语言，允许从图中检索数据。Cypher 独特之处在于它提供了一种匹配模式和关系的可视化方式。Cypher 使用一种 ASCII 类型的语法，其中使用圆括号“()”表示圆形节点（node），而使用“-[:ARROWS]->”表示关系。当编写查询时，实际上是通过数据绘制图形模式。这种直观的语法使得查询图数据库中的数据变得更加容易。

有许多很好的资源可供您深入了解 Cypher。它们包括 Neo4j Cypher 手册（https://neo4j.com/developer/cypher/ 和 https://www.amazon.com/Graph-Data-Processing-Cypher-practical/dp/1804611077/）以及书籍 *Graph Data Processing with Cypher*。这些资源将有助于读者更好地掌握 Cypher 查询语言和图数据处理。

在构建 Neo4j 数据模型时，不需要建立传统数据模型来收集

所有规则，包括关系（如参与性、存在性和识别性）的规则。Neo4j 数据库本身非常灵活，允许您在图中表示数据和关系，而不必严格遵循传统数据模型的规则。

然而，建立传统数据模型可能有助于读者更全面地理解数据的本质，特别是对于那些熟悉传统数据建模方法的人来说。它可以帮助团队更清晰地定义数据模型的规则和约束，**并在设计数据库时提供额外的参考**。但这并不是构建 Neo4j 数据库的必需步骤，而只是一个可选的工具，可以根据特定项目的需求和团队的偏好来考虑是否使用。

确保有一个良好的数据模型可以帮助团队更好地理解数据的组织方式和应用程序的业务逻辑，从而降低开发中的混淆和错误。这种方法可以提高开发速度、减少问题，并提高应用程序的质量。因此，虽然不是必需的，但建立传统数据模型仍然可以对构建 Neo4j 应用程序提供有价值的指导和参考。

属性和键

在传统数据模型中，实体包含属性。属性是一个个的信息片段，其值用于标识、描述或测量实体的实例。例如，实体**宠物**（**Pet**）可能包含属性**宠物编号**（**Pet Number**）用于标识宠物、宠物名称（**Pet Name**）用于描述宠物，以及**宠物年龄**（**Pet Age**）用于测量宠物的年龄。这些属性详细描述了实体的特征和属性。

在讨论特定技术时，属性会采用更精确的名称。例如，在关系数据库管理系统（RDBMS）如 Oracle 中，属性称为列（Column）。在 MongoDB 中，属性称为字段（Field）。在 Neo4j 中，属性称为特征（Property），以键值对的形式存储在单个节点或关系中。键值对是一种数据类型，用于存储两个相关的数据元素。第一个元素（键）是用于定义数据集的常数，第二个元素是属于数据集的值。例如，一只宠物可能具有以下键值对：

- 宠物编号（Pet Number）：P20230200。
- 宠物名称（Pet Name）：史努比（Snoopy）。
- 宠物年龄（Pet Age）：2。

在 Neo4j 中，标签可以包含一组属性，但具有该标签的某个节点可能具有该标签的全部属性或仅具有部分属性。如果希望一个节点必须具有某个属性，应将该属性设置为非空（Not Null）。例如，我们有两只宠物，希望每只宠物都有宠物编号（Pet Number）和宠物名称（Pet Name），但我们不知道其中一只宠物的年龄。这看起来就像图 I-22 所示的模型。

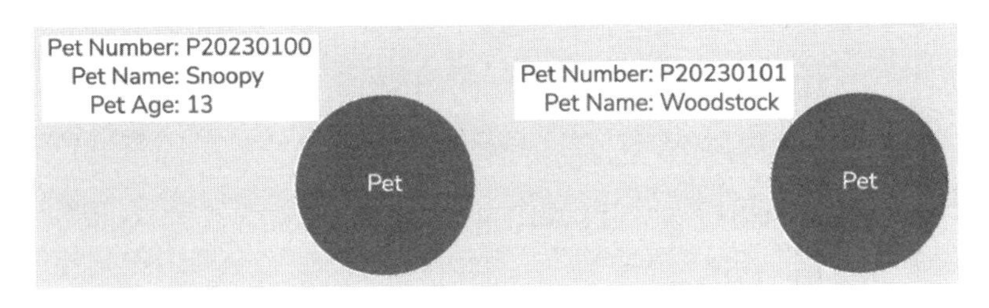

图 I-22　如果不知道某节点的宠物年龄，这个属性将不会出现。我们现在不知道 Woodstock 的年龄

在我们的建模中，将展示与标签相关的所有可能属性，并指示属性是否为空。对于新接触图和 Neo4j 的人来说，经常会问这一个特征什么时候应该设计为节点，什么时候设计为属性，如图 I-23 所示。让我们通过宠物之家案例来获取一些灵感。

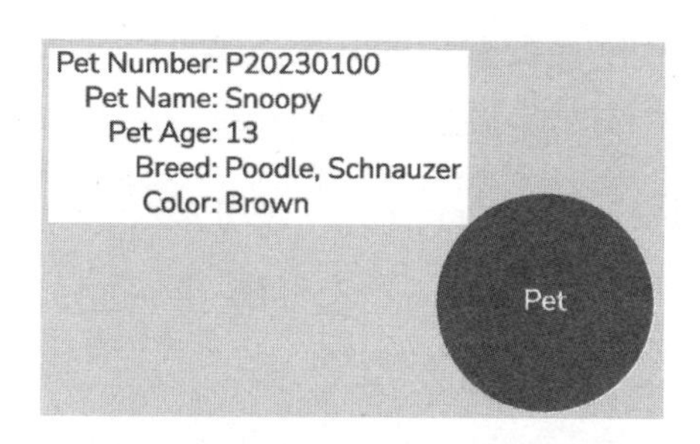

图 I-23　何时应该将某些内容表示为节点，或是属性？

我们可以构建这样一个模型，其中每个节点都包含宠物的所有属性。这种情况类似于将关系数据库系统宠物表中的每列映射到 Neo4j 的属性。大家可能会认为这就万事大吉了，并且拥有了一个良好的模型，但让我们来看一些查询情况。

- 查询所有不同的宠物年龄：
  - MATCH (p:Pet) RETURN DISTINCT 'p. Pet Age';
- 查询所有名为 Snoopy 的宠物：
  - MATCH (p: Pet) WHERE 'p. Pet Name' = 'Snoopy' RETURN p;
- 查询所有特定品种的宠物：
  - MATCH (p:Pet) RETURN DISTINCT p. Breed;

第一个查询将查找所有具有 Pet 标签的节点，检索**宠物年龄**（**Pet Age**）属性，然后返回唯一的值。这个查询的性能很好。

第二个查询如果我们已经对**宠物名称**（**Pet Name**）属性进行了索引，也会表现良好。

第三个查询需要额外的处理，因为我们可能有属于多个品种的狗。这样需要额外的工作来解析数组，然后按顺序查找该品种。此外，无法保证多个品种以一致的顺序存储。如果有人输入查询条件为西施犬、卷毛犬（Shih Tzu、Bichon），要查找是西施卷毛犬（Shih Tzu Bichon）混合品种的狗会更复杂。在这种情况下，我们会将西施卷毛犬（Shih Tzu Bichon）作为一个节点，然后创建宠物到品种的关系，这将能更好地表示多个品种的情况。

Neo4j 的访问速度最快的是标签（Label），其次是关系（Relationship），最后是属性（Property）。在开发模型时，我们需要记住这一点，以便更好地优化查询性能。

图数据库的优势在于快速遍历关系。在我们的案例中，可能会提出以下类似的问题："找到一只狗，它要么是西施卷毛犬（Shih Tzu Bichon），要么是玩具贵宾犬（Toy Poodle）。"

让我们看一下图 I-24 所示的模型。

现在我们的查询变成了：

```
MATCH(p:Pet)-[:BELONG_TO]->(b:Breed) WHERE b.Name IN ['Toy Poodle', 'Shih Tzu Bichon'] RETURN p.Pet Name;
```

这个查询使用了**品种名称**（**Breed Name**）属性上的索引来查

找我们感兴趣的品种，然后遍历所有宠物并返回宠物的名称。这个查询将执行得非常快速，并且易于理解。

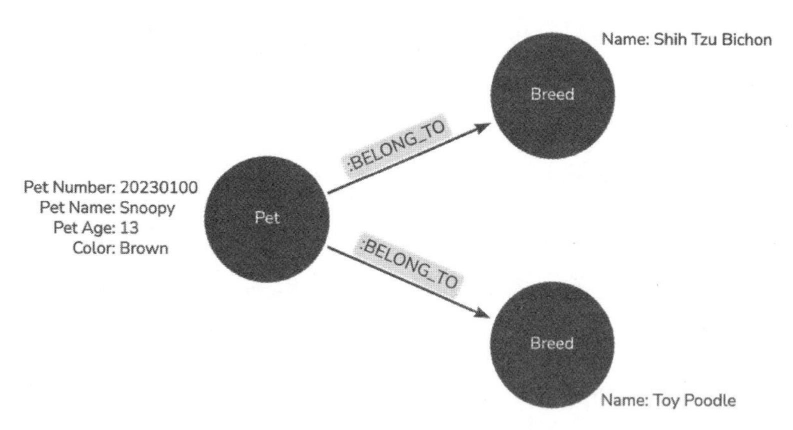

图 I-24　找到一只狗，要么是西施卷毛犬，要么是玩具贵宾犬

随着模型的开发，查询需求将为我们提供指导。我们希望使用具体的查询来引导我们思考如何进入图并运行高效的查询。请记住，节点、标签和模式是访问图的最佳方式。

您可能在思考："为什么不将所有属性分开放在它们各自单独的节点中?"在这个示例中，我们可以为宠物创建 4 个不同的节点，如图 I-25 所示。

如果我们想通过它们的名字找到宠物，这可能是一种方法，但我们会有多频繁地仅通过名字搜索呢?这不可能是一个频繁的需求，所以将其作为一个属性比较合适。如果我们想要添加有关**宠物名称**(**Pet Name**)的更多信息，将其作为一个节点可以方便添加更多属性。这是一个会影响建模方法的决策。如果希望返回有关宠物的所有信息，这样做将需要多次关系遍历和编写 OPTIONAL MATCH 语句(类似于外连接)，以确保检索有关宠物的所有信息。

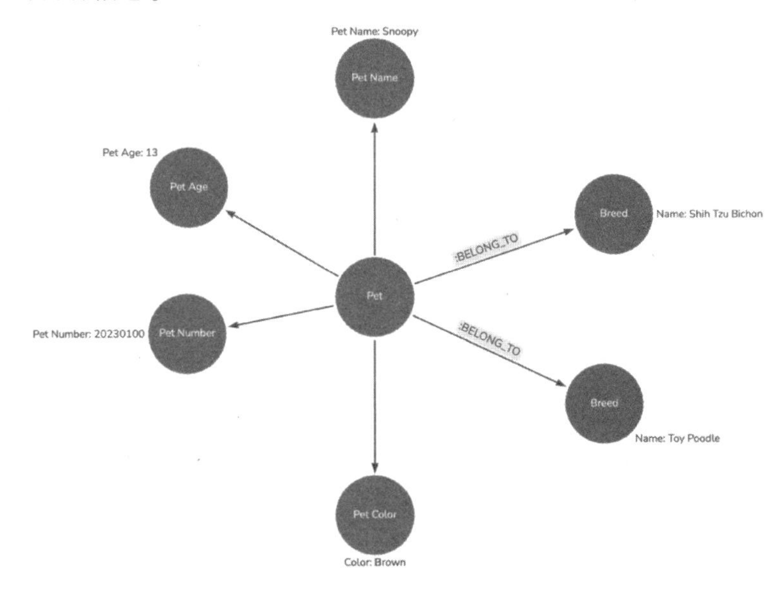

图 I-25　为每个属性创建单独节点的模型

当被问及**什么时候应该定义为属性时**，一个指导原则是：

任何不用作图的入口点、没有复杂性/多重性(例如多个品种)，并且作为有关节点信息返回的内容都是定义为属性的良好候选项。

在 Neo4j 中需要经常调整模型，这会导致建模成为一个迭代的过程。这绝对是一门艺术，随着您开发的图模型越多，这方面

的经验会变得越来越老道。

建模的艺术性一面还包括如何识别实体实例。这是候选键(Candidate Key)发挥价值的地方。

候选键包含一个或多个属性，可以唯一标识一个实体实例。我们为每本图书分配一个ISBN(国际标准书号)。ISBN可以唯一标识每本图书，因此它是该图书的候选键。在某些国家，例如美国，纳税人识别号(Tax ID)可以成为组织的候选键。账户代码(Account Code)可以成为账户的候选键。VIN(车辆识别号)用于标识一辆车辆，也可以是一个候选键。

候选键必须具有唯一性和强制性。唯一性意味着一个候选键值不能标识多个实体实例(或多个现实世界的事物)。强制性意味着候选键不能为空(Empty，也称为Nullable)。每个实体实例必须由一个候选键值精确标识。候选键不同值的总数量等于不同实体实例的总数量。如果“图书”这个实体的候选键是**ISBN**，并且有500个实例，那么也将有500个唯一的ISBN。

即使一个实体可能包含多个候选键，但我们只能选择一个候选键作为该实体的主键(Primary Key)。主键是被首选作为实体唯一标识符的候选键。备用键(Alternate Key)也是一个候选键，尽管它同样具有唯一性和强制性，以及仍然可以用于查找特定的实体实例，但没有被选为主键。

传统的模型图中，主键出现在实体框内的横线上，备用键用带有括号的AK表示。所以在下面的**宠物**实体中，**宠物编号(Pet Number)**是主键，**宠物名称(Pet Name)**是备用键。在宠物名称上设置备用键意味着我们不能有两个同名的宠物。这是否合理还是个可以讨论的话题。但是，当前状态下的模型不允许存在重复的宠物名字，如图 I-26 所示。

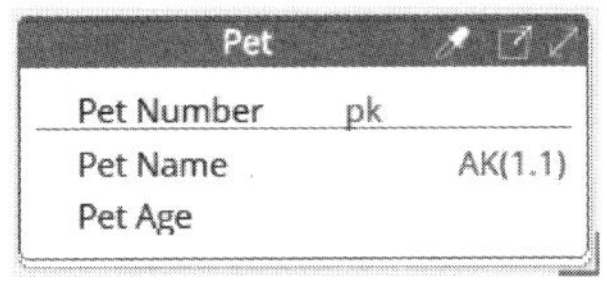

图 I-26　宠物名称作为备用键意味着不能有两个同名的宠物

在 Neo4j 中，候选键被称为节点键(Node Key)。节点键是特定标签下所有节点具有的一组已定义属性，其组合值是唯一的，并且该集合中的所有属性都存在。

候选键可以是简单键(Simple Key.)、复合键(Compound Key)或组合键(Composite Key)。表格 I-2 包含了各种键类型的示例。

表 I-2　各种键类型的示例

	简　单　键	复　合　键	组　合　键	重　载　键
业务键	唯一标识符	促销类型代码 促销开始日期	(客户名字+客户姓氏+生日)	学生 年级
代理键	书号			

有时一个属性就可以标识实体实例，如图书的 **ISBN**。当单个属性组成键时，我们使用**简单键**。简单键可以是业务键(也称为自然键)或代理键。业务键对业务可见(例如**保单**的**保单号**)。代理键对业务永远不可见。代理键是技术人员为解决技术问题而创建的，如空间效率、速度或集成等。它是一个表的唯一标识符，通常是一个固定长度的计数器，由系统生成，不带有任何业务含义。

有时需要多个属性才能唯一标识一个实体实例。例如，**促销类型代码**和**促销开始日期**都可能是识别促销活动所必需的属性。

当多个属性组成一个键时，我们使用**复合键**。因此，**促销类型代码**和**促销开始日期**组合在一起是促销活动的复合候选键。当一个键包含多个信息时，我们使用**组合键**。将客户的名、姓和生日全部包含在同一个属性中的简单键就是简单组合键的一个例子。当一个键包含不同的属性时，它被称为**重载键**(OverloadedKey)。**学生成绩**属性有时可能包含实际成绩等级，如 A、B 或 C。有时候，它可能包含通过 P 和不及格 F。因此，这里的**学生成绩**就是一个重载属性，即有时包含学生的成绩，有时表示学生是否通过了课程。让我们看看图 I-27 所示的模型。

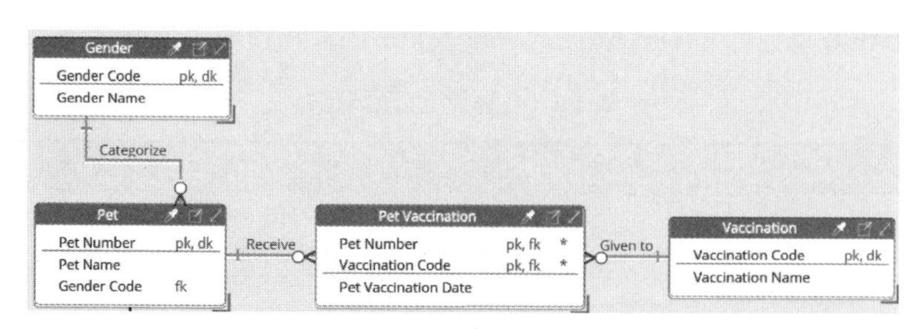

图 I-27 多方实体包含指向一方实体的主键的外键

下面是模型中收集的一些规则：

- 每个**性别**可以分类为许多**宠物**。
- 每只**宠物**必须归类为一个**性别**。
- 每只**宠物**可以接种多种**疫苗**。
- 每次接种可以给许多宠物接种。

关系中“一”方的实体称为父实体，“多”方的实体称为子实体。例如，在**性别**和**宠物**之间的关系中，**性别**是父实体，**宠物**

是子实体。当我们从父实体创建到子实体的关系时，父实体的主键被复制为子实体的外键。您可以在**宠物**实体中看到有一个外键**性别代码**(Gender Code)。

外键(Foreign Key)是一个或多个属性，链接到另一个实体(在递归关系的情况下，其中同一个实体的两个实例也可能相关，也就是说，以相同实体开始和结束的关系，链接到同一个实体)。在物理层面上，外键允许关系型数据库管理系统从一个表导航到另一个表。例如，如果我们需要知道特定**宠物**的**性别**，使用**宠物**表中的外键性别代码(Gender Code)导航到**性别**表 Gender 即可。

在我们的 Neo4j 模型中，包含带有宠物(Pet)、疫苗(Vaccination)和性别(Gender)标签的节点，如图 I-28 所示。GIVEN_TO

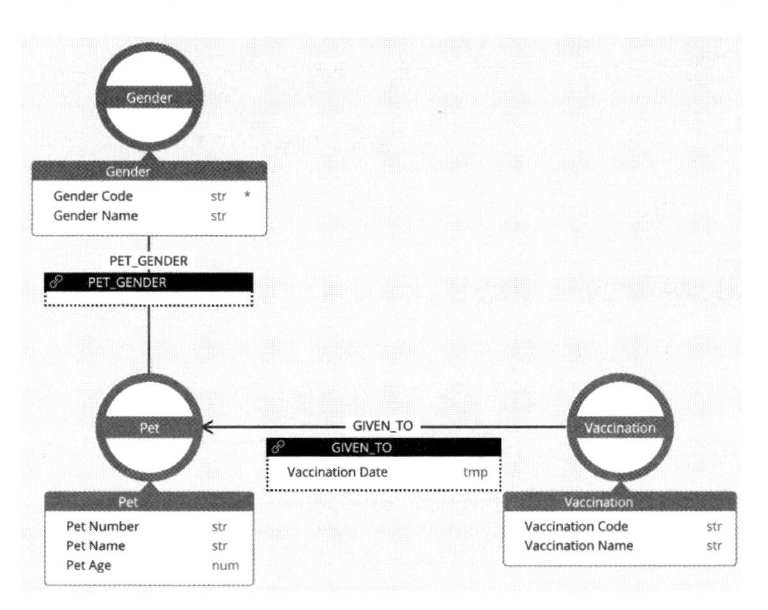

图 I-28　Neo4j 中的外键

关系具有打疫苗时间(Vaccination Date)的属性。这种设计简化了模型，可以很轻松地确定宠物何时接种了特定疫苗，还可以跟踪某种疫苗代码(例如狂犬病)的多次接种情况。

除了将**性别**作为单独的节点存储，另外一种设计是将其存储为属性，并使用索引来通过**性别**查找**宠物**。每只**宠物**只有一种性别，通常只有两个带有**性别**(**Gender**)标签的节点。在这种情况下，我们可以将模型调整为图 I-29 所示的方式。

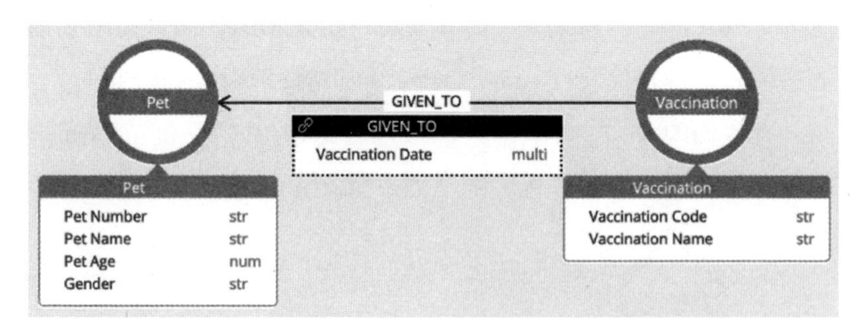

图 I-29 简化的模型

模型的三个级别

传统上，数据建模是为关系数据库(RDBMS)生成的一组数据结构。首先，我们构建概念数据模型(CDM)，更确切地说，应称为业务术语模型(Business Terms Model，BTM)来捕获项目的通用业务语言(例如，“什么是客户?”)。接下来，使用 BTM 收集的通用业务术语创建逻辑数据模型(LDM)，以精确定义业务需求(例如，我需要在报告上看到客户的姓名和地址。)。最后，在物理数据模型(PDM)中，专门针对 Oracle、Teradata 或 SQL Server 等特定技术，来设计实现这些业务需求(例如，客户姓氏是一个可变长度不为空的字段，具有非唯一索引等)。PDM 表示的是具体应用程序的 RDBMS 设计。最后从 PDM 生成的数据定义语言(DDL)脚本可以在 RDBMS 环境中运行，以创建存储应用程序数据的一组表。总结一下，我们从通用业务语言开始，到业务需求，再到设计，最后到表。

概念、逻辑和物理数据模型这套方法在过去 50 多年的应用程序开发中发挥了非常重要的作用，在未来 50 多年它们将继续发挥更重要的作用。

无论是技术、数据的复杂性还是需求的广度，总会存在通过一张图来展现业务语言(概念)、业务需求(逻辑)和设计(物理)需求。

然而，概念、逻辑和物理这些名称深深地留下了 RDBMS 的烙印。因此，我们需要更全面的名称来代表 RDBMS 和 NoSQL 的三个模型级别需求。

对齐=概念、细化=逻辑、设计=物理

使用对齐、细化和设计代替概念、逻辑和物理，有两个好处：更大的用途和更广的背景。

更大的用途意味着重塑为对齐、细化和设计后，名称中包含了该级别期望做的事情。**对齐**是就术语和一般项目范围达成一致，以便每个人都能对术语保持一致理解。**细化**是收集业务需求，也就是说，细化了我们对项目的了解，以关注最重要的方面。**设计**是关注技术需求，也就是说，确保我们在模型上满足软件和硬件的独特需求。

更广的背景意味着不再局限于模型。当我们使用诸如**概念**之类的术语时，大多数项目团队只将模型视为交付成果，而没有认识到为产生模型而做的所有工作，或与之相关的其他交付成果，如定义、问题/疑问解决和血缘(血缘意味着数据来自何处)。对齐阶段包括概念(业务术语)模型，细化阶段包括逻辑模型，设计阶段包括物理模型。我们并没有丢弃以前那些模型术语。相反，我们将模型与其大致所处的阶段区分开来。例如，不说我们处于逻辑数据建模阶段，而是说我们处于细化阶段，逻辑数据模型只是交付成果之一。逻辑数据模型大致处于细化阶段中。

如果您正在与一群对于概念、逻辑和物理这些传统名称不感兴趣的利益相关者合作，则可以将概念称为对齐模型，逻辑称为细化模型，物理称为设计模型。使用这些术语会让受众更容易理解。

概念是对齐、逻辑是细化、物理是设计。对齐、细化和设计——不仅容易记住，而且还押韵！

业务术语(对齐)

很多人会有这种感受，使用通用业务语言的那些人，他们使用的术语含义并不一致。例如，史蒂夫最近在一家大型保险公司主持了高级业务分析师和高级经理之间的讨论。

高级经理对业务分析师的应用程序开发延期表达了不满。“我们的团队正在与产品所有者和业务用户会面，以完成即将推出的报价分析应用程序中的报价用户故事。这时一位业务分析师提出了一个问题：报价是什么？会议的其余时间都浪费在试图回答这个问题上。为什么我们不能关注在报价分析的要求上呢？我们原本就是为此而开会的。敏捷才是我们需要的！”

如果为了尝试澄清报价的含义花了很长时间进行讨论，那么这家公司很可能不太明确报价的含义。所有业务用户都可能会同意报价就是保费的估算，但是在什么点上估算报价可能存在分歧。例如，估算是否必须基于一定比例的事实才能被视为报价？

如果用户都不清楚报价的定义，那么报价分析程序怎么可能满足用户需求呢？设想一下以下问题的答案：

上个季度东北部地区发出了多少份人寿保险报价？

如果没有对报价达成共识和理解，某个用户可以根据他对报价的定义来回答这个问题，而另一个人也可以根据他对报价的不同定义来回答该问题。这些用户中至少有一个得出的是错误答案。

史蒂夫与一所大学合作，其员工无法就学生的含义达成一致；与一家制造公司合作，其销售和会计部门在总资产回报率的含义上存在分歧；与一家金融公司合作，其分析师们在交易的含义上进行了激烈的争论——这些都是我们需要克服的同一种挑战，不是吗？

因此我们要努力达成共同的业务语言。

共同的业务语言是任何项目成功的先决条件。我们可以收集和传达业务流程和需求背后的术语，使不同背景和角色的人能够相互理解和沟通。

概念数据模型（CDM），更确切地称为业务术语模型（BTM），是一种通过为特定项目提供精确、最小和**可视化**的工具来简化信息场景的符号和文本语言。

上述定义囊括了对模型的要求是范围明确、精确、最小化和可视化。要想了解最有效的可视化类型需要清楚模型的受众群体。

受众包括验证和使用模型的人员。验证是指告诉我们模型是否正确或需要调整，使用是指阅读并从模型中受益。建模范围包含一个具体项目，如应用开发项目或商务智能计划。

了解受众和范围可以帮助我们决定要对哪些术语建模，这些术语的含义是什么，术语之间的关系是什么，以及最有效的可视化类型。此外，了解范围可以确保我们不要好高骛远，不要企图对企业中的每一个可能的术语都进行建模。而是仅关注那些为当前的项目增加价值的术语。

尽管这个模型传统上被称为概念数据模型，但“概念”这个词对数据领域之外的人来说通常不是一个非常容易理解的术语。“概念”听起来就像是 IT 团队会想出来的一个术语。因此，我们更喜欢把“概念数据模型”称为“业务术语模型”，并将在后面使用这个术语。这个模型涉及业务术语，并且包含“业务”一词可以提高其作为面向业务交付成果的重要性，也与数据治理保持一致。

业务术语模型通常非常适合画在一张纸上——注意不是绘图仪上面的大纸！将业务术语模型限制在一页非常重要，只有这样才能鼓励我们只选择那些关键术语。我们可以在一页纸上装下 20 个术语，但绝对无法装下 500 个术语。

业务术语模型范围明确、精确、最小且可视化，可以提供一种通用的业务语言。因此，可以收集和表达复杂和全面的业务流程及需求，使不同背景和角色的人能够参与最初的讨论和术语辩论，并最终使用这些术语进行有效沟通。

随着越来越多的数据被创建和使用，以及激烈的竞争、严格的法规和快速传播的社交媒体，财务、责任和信誉的风险从未如此之高。因此，通用的业务语言需求从未如此强烈。图 I-30 所示为宠物之家涉及的业务术语模型。

模型中的每个实体都有一个精确清晰的定义。例如，宠物（Pet）可能在维基百科中出现的类似定义：

宠物，或称为伴侣动物是为了陪伴人或娱乐而饲养的动物，而非工作动物、肉食动物或实验动物。

更有可能的是，定义中会有一些针对数据模型特定读者或针

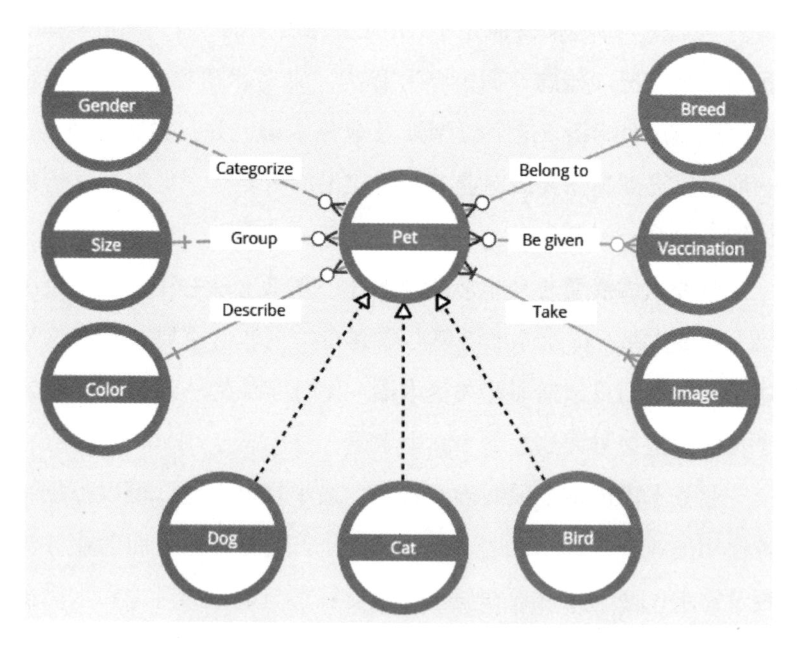

图 I-30　宠物之家涉及的业务术语模型

对特定项目的更多说明，比如：

宠物是所有通过了宠物之家收养所需审查的狗、猫或鸟。例如，如果斯帕基通过了所有身体和行为检查，我们会认为斯帕基是一只宠物。但是，如果斯帕基至少还有一项检查未通过，我们将把斯帕基标记为以后会重新评估的动物。

现在让我们逐一查看下这些关系：

- 每只宠物可以是狗、猫或鸟。
- 狗是一种宠物。
- 猫是一种宠物。

- 鸟是一种宠物。
- 每个性别可以分类许多宠物。
- 每只宠物必须被分类到一个性别。
- 某个尺寸可以分组许多宠物。
- 每只宠物必须被分组到某个尺寸。
- 每种颜色可以描述许多宠物。
- 每只宠物必须被描述为一种颜色。
- 每只宠物必须属于某些品种。
- 每个品种可以有许多宠物。
- 每只宠物可以接种许多疫苗。
- 每次接种可以给许多宠物接种。
- 每只宠物必须拍摄多张照片。
- 每张照片必须拍摄多只宠物。

逻辑(细化)

逻辑数据模型(LDM)是对业务问题的业务解决方案。它是建模人员在不用考虑技术实现(例如软件和硬件的复杂情况下)细化业务需求的方式。

例如，在业务术语模型(BTM)上收集新订单应用程序的通用业务语言之后，LDM 将通过增加更详细的关系和实体属性来细化此模型，并收集该订单应用程序的需求。BTM 包含订单和客户的定义，而 LDM 包含交付需求所需的订单和客户属性。

回到宠物之家示例，图 I-31 所示为宠物之家逻辑数据模型的一个子集，图 I-32 所示为在 Neo4j 关于宠物之家的逻辑数据模型子集。

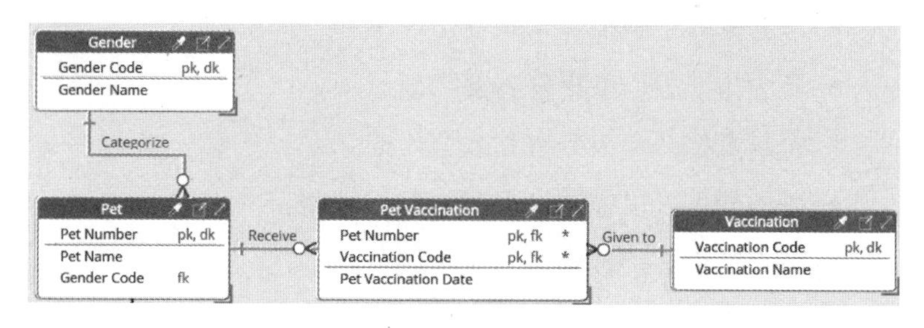

图 I-31　宠物之家逻辑数据模型的一个子集

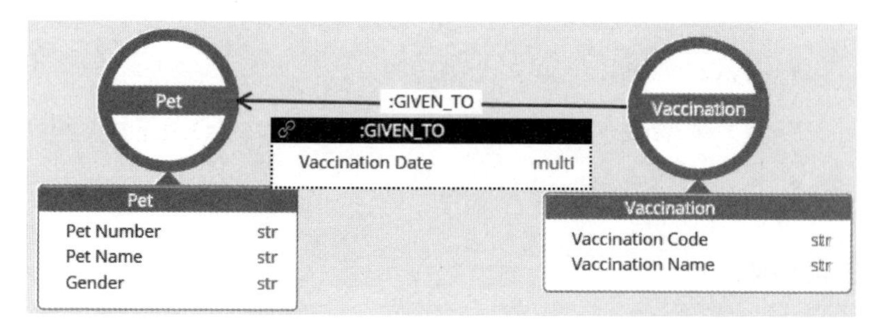

图 I-32　在 Neo4j 关于宠物之家的逻辑数据模型子集

宠物之家应用程序的需求出现在这个模型上。该模型显示了向业务交付解决方案所需的属性和关系。例如，在宠物(Pet)实体中，每个宠物包括宠物编号(Pet Number)标识及其名称(Pet Name)和性别(Gender)描述。性别和疫苗接种是定义好的列表值。我们还发现识别出的某只宠物性别是固定值，但识别出的疫苗接种可以是任意数值(包括 0)。

在图模型中，我们消除了连接表，而是使用具有接种日期(Vaccination_Date)属性的 **GIVEN_TO** 关系来将疫苗与宠物关联起来。我们还将性别移动到宠物(Pet)节点作为属性，并使用索引查找与所需性别匹配的宠物。

物理(设计)

物理数据模型(PDM)是为特定软件或硬件而精简的逻辑数据模型。例如，在使用业务术语模型(BTM)收集新订单应用程序的通用业务语言后，将通过添加属性、更详细的关系和实体来将其完善为逻辑数据模型(LDM)，以满足订单应用程序的要求。而继续添加一些特定于技术的设计考虑后形成物理数据模型，以使应用程序更加快速和安全。BTM 将包含**订单**(**Order**)和**客户**(**Customer**)的定义，LDM 将包含为满足要求而需要的**订单**和**客户**属性，而 PDM 将添加索引和其他特定于技术的组件，以减少数据检索时间。

在构建 PDM 时，处理的是与特定硬件或软件相关的问题，例如，如何设计最佳的结构以实现：

- 尽可能快地处理运营数据？
- 保护信息的安全性？
- 在亚秒级时间内响应回答业务请求？

例如，图 I-33 所示的宠物之家物理数据模型的一个子集：

物理数据模型可认为是为了适应特定技术而妥协的逻辑数据模型。例如，如果我们在 Oracle 等 RDBMS 中实现该模型，可能需要采用非规范化的手段，组合某些结构以提升检索性能。

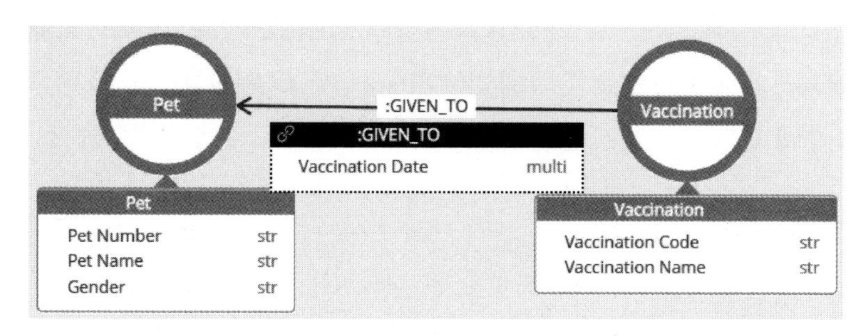

图 I-33　宠物之家物理数据模型的一个子集

如前所述，Neo4j 是一种 NoSQL 数据库。因此，Neo4j 无法定义和约束属性的长度和类型。Neo4j 可以强制执行空值(Null)和非空值(Not Null)的约束。在使用 Neo4j 时，我们会开发 BTM 和 LDM，但数据类型和数值的强制约束是由开发人员和应用程序负责的。如果物理数据属性的约束很重要，例如最大长度或特定格式，建议使用传统的数据模型来收集和表达这些需求。

将来的 Neo4j 版本可能会包括属性类型约束(例如，宠物年龄必须是整数)，但截至 Neo4j 5 的版本，这些功能尚不支持。

模型的三个视角

关系型数据库(RDBMS)和 NoSQL 是两个主要的建模视角。在 RDBMS 内，又分为关系和维度两个视角，而 NoSQL 主要面向查询。因此，总结起来建模的三个视角是关系、维度和查询。

表 I-3 对比了关系、维度和查询三个视角。在本节中，将针对每个视角进行更深入详细的讨论。

表 I-3 关系、维度和查询三个视角的比较

因素	关系	维度	查询
优势	通过集合精确表示数据	精确表示数据如何用于分析	精确表示如何接收和访问数据
重点	精确表示如何接收和访问数据	分析业务流程的业务问题	提供业务流程洞察的访问路径
用例	运营(OLTP)	分析(OLAP)	发现
父视角	RDBMS	RDBMS	NoSQL
例子	客户必须拥有至少一个账户	通过日期、区域和产品产生了多少收入？也想按月和年查看	哪些客户的支票账户今年产生了超过 10000 美元的费用，该客户还拥有至少一只猫，并住在纽约市 500 英里(英制长度单位)范围内

RDBMS 是根据特德·科德(Ted Codd)于 1969 年至 1974 年间发表的开创性论文中的思想来存储数据的。在按照科德的想法实现的 RDBMS 中，物理层面的实体是包含属性的表。每个表都有一个主键和外键约束来强制执行表之间的关系。RDBMS 存在了这么多年，主要就是因为它能够通过执行规则来维护高质量数据，从而保持数据完整性的能力。其次，RDBMS 通过高效使用 CPU，在存储数据、减少冗余和节省存储空间方面非常高效。在过去的十几年中，随着磁盘变得更便宜，CPU 利用性能却没有提

高，节省空间的好处已经减弱。这两种因素现在都有利于 NoSQL 数据库的发展。

NoSQL 的意思是“非关系数据库(NoRDBMS)”。NoSQL 数据库与 RDBMS 以不同的方式存储数据。RDBMS 以表(集合)的形式存储数据，主键和外键用于维护数据完整性和表间导航。NoSQL 数据库不以集合的形式存储数据。例如，MongoDB 以 BSON 格式存储数据，其他 NoSQL 解决方案可能以资源描述框架(RDF)三元组、可扩展标记语言(XML)或 JavaScript 对象表示法(JSON)存储数据。

关系、维度和查询(NoSQL)可以在三个层次模型存在，这为我们提供了九种不同类型的模型，见表 I-4。

表 I-4　九种不同类型的模型

	关　系	维　度	NoSQL
业务术语(对齐)	术语和规则	术语和路径	术语和查询
逻辑(细化)	集合	度量和上下文	按层级查询
物理(设计)	折衷集合	星型模式或雪花模式	增强的层次结构查询

在前一节中讨论了对齐、细化和设计的三个层次。首先对齐通用业务语言，然后细化业务需求，最后设计数据库。例如，如果我们正在为保险公司建模新的理赔申请，可能会创建一个关系模型来收集理赔流程中的业务规则。在这个过程中，BTM 用于收集理赔业务词汇，LDM 用于收集理赔业务详细需求，PDM 用于设计理赔数据库。

关系

当收集需要和执行业务规则时，关系模型效果最好。关系模型的主要场景技术是需要执行许多业务规则的运营应用程序。例如，订单应用程序要确保每个订单项都属于某个订单，并且每个订单项由其订单号加顺序号标识，那么应用关系模型可能是非常理想的。关系视角侧重于业务规则。

我们可以在业务术语、逻辑和物理三个层面建立关系。关系业务术语模型包含特定项目的通用业务语言，收集这些术语之间的业务规则。关系逻辑数据模型包括实体及其定义、关系和属性。关系物理数据模型包括表、列和约束等物理结构。之前共享的业务术语、逻辑和物理数据模型都是关系的示例，如图 I-34、图 I-35 和图 I-36 所示。

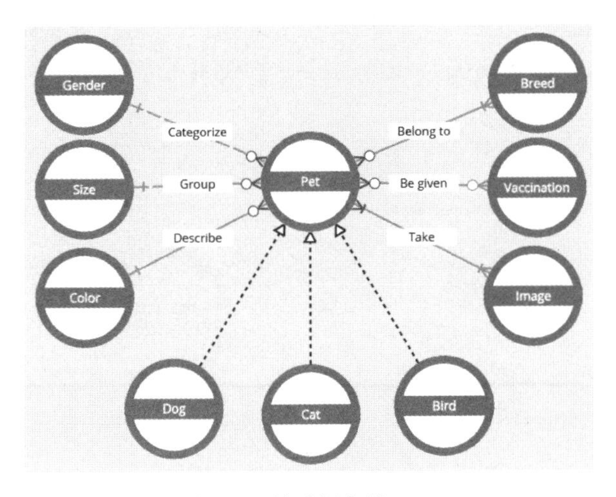

图 I-34　关系视角的 BTM

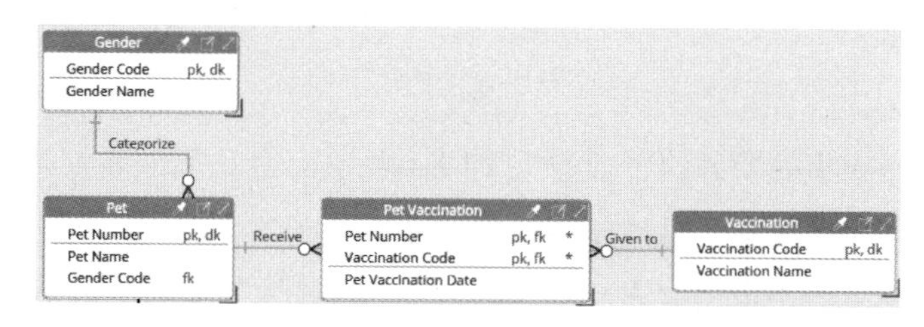

图 I-35 关系视角的 LDM

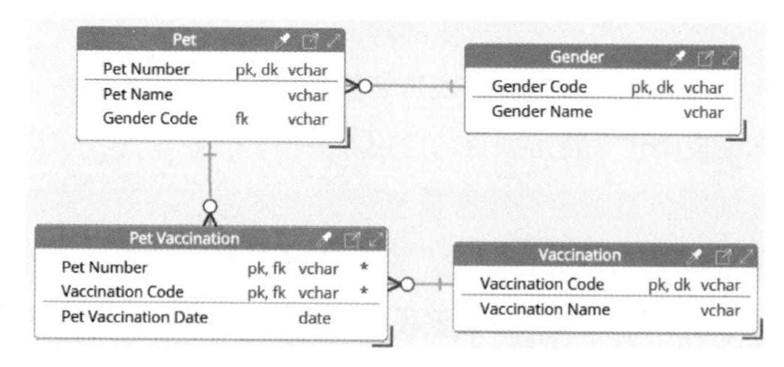

图 I-36 关系视角的 PDM

图 I-37 所示为关系视角的另一个 BTM 示例。

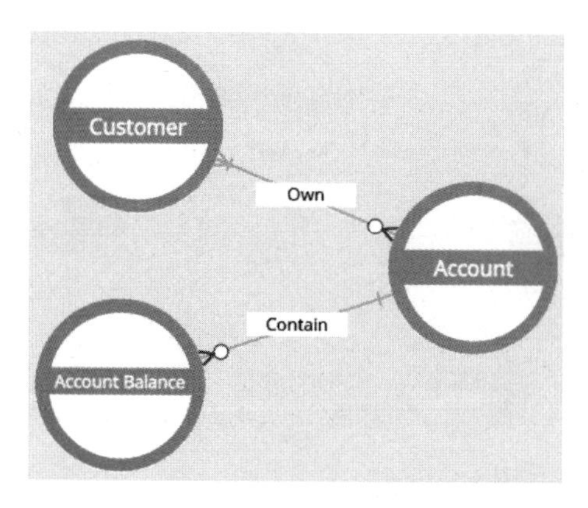

图 I-37 关系视角的另一个 BTM

关系视角会收集如下信息：

- 每个客户可以拥有多个账户。
- 每个账户必须由多个客户拥有。
- 每个账户可以包含多个账户余额。
- 每个账户余额必须属于一个账户。

在与项目发起人的一次会议上，我们编写了以下定义：

客户	客户是与银行开立一个或多个账户的个人或组织。如果一个家庭的每个成员都有自己的账户，则每个家庭成员都被视为不同的客户。如果有人开户后关闭了账户，他们仍然被视为客户。
账户	账户是银行代表客户持有资金的合同安排。
账户余额	账户余额是客户在银行特定账户中在给定时间段结束时资金数额的财务记录，如某人某月的支票账户余额。

对于关系视角的逻辑数据模型，我们使用一组称为规范化（Normalization）的规则向实体（集合）分配属性。

尽管规范化在数学（集合论和谓词演算）上有理论基础，但我们更愿把它视作为设计灵活结构的一种技巧。更具体地说，我们将规范化定义为一个提出业务问题、增加建模人员对业务知识了解的过程，并能够构建支持高质量数据的灵活结构。

业务问题围绕不同规范级别来组织，包括第一范式（1NF）、第二范式（2NF）和第三范式（3NF）。肯特（William Kent）巧妙地总结了这三个级别：

每个属性都取决于键、整个键，并且和除键之外的任何内容无关。

"每个属性都依赖于键"是1NF，"整个键"是2NF，"除键

之外的任何内容无关”是3NF。请注意，更高级别的规范化包括了较低级别的规范化，因此2NF包括1NF，3NF包括2NF和1NF。

为确保每个属性都依赖于键(1NF)，需要保证对于给定主键值，从每个属性中最多只能获取一个值。例如，分配给图书实体(Book)的**作者名称**(**Author Name**)属性就违反1NF，因为对于给定的图书(如本书)，可以有多个作者。因此，**作者名称**不属于图书这个实体，需要把它移动到其他实体中。最好将**作者名称**(**Author Name**)分配给**作者实体**(**Author**)，并且图书和**作者**两个实体之间存在一种关系，说明每本图书可以由多个**作者**编写。

为确保每个属性都依赖于整个键(2NF)，需要保证我们有最小的主键。假如，图书的主键是**ISBN**和**书名**，我们很容易看出**书名**在主键中其实是没必要的。像**书价**这样的属性都是直接依赖于**ISBN**的，因此在主键中包括**书名**没有任何意义。

为确保没有隐藏的依赖关系(除键之外的任何内容无关，这是3NF)，需要保证每个属性直接依赖于主键，并且没有其他依赖。例如，**订单总金额**属性不直接依赖于**订单**的主键(一般来说是订单号)。相反，**订单总金额**取决于**列表价格**和**项目数量**，这些信息可以派生出**订单总金额**。

史蒂夫·霍伯曼的《让数据建模更简单》(*Data Modeling Made Simple*)一书更详细地讨论了每种规范化级别，包括高于3NF的级别。要意识到规范化的主要目的是正确地把属性分配到合适的集合中。另外请注意，规范化模型是根据数据的属性构建的，而不是根据数据的使用方式构建的。

维度模型是为了轻松回答特定的业务问题而构建的，NoSQL模型是为了轻松回答查询和识别模式而构建的。关系模型是唯一一个关注数据内在属性而不是用法的模型。

维度

维度数据模型的目标是收集业务流程背后的业务问题。问题的答案是各种指标，例如总销售额和客户数量等。

维度模型的唯一目的是允许用户有效且友好地对度量值进行过滤、排序和求和等操作，也就是分析型应用程序。维度模型上的关系表示导航路径，而不是如关系模型上的业务规则。维度模型的范围是一组相关的度量加上下文，这些度量和下文一起解决某些业务流程。通常根据对业务流程中业务问题的评估来构建维度模型，具体做法是将业务问题解析为度量，并基于这些度量的查询方式来创建模型。

例如，假设我们在银行工作，希望更好地了解手续费收取情况。在这种情况下，我们可能会问这样的业务问题："按**账户类型**（如支票或储蓄）、**月份**、**客户类别**（如个人或公司）和**分行**分组统计收到的手续费总额是多少？"请参阅图I-38。在这个模型中，不仅可以按**月**度级别，而且可以按**年**度级别查看费用，不仅可以按**分行**级别，而且可以按**地区**和**大区**级别查看费用。

术语定义：

收取手续费	收取手续费是在业务流程中，向客户收取费用以获得进行账户交易的权利，或根据时间间隔收取费用(如每月余额较低的支票账户会收取账户费用)。
分行	分行是一处开放营业的物理位置。客户访问分行进行交易。
地区	地区是银行将一个国家划分为较小区域的内部定义，用于设置分行或报告等目的。
大区	大区是用于组织分配或报告目的的地区分组。大区通常会跨国界线，例如北美区和欧洲区。
客户类别	客户类别是为报告或组织目的对一个或多个客户进行的分组。客户类别的示例包括个人、公司和联名。
账户类型	账户类型是为报告或组织目的对一个或多个账户进行的分组。账户类型的示例包括支票账户、储蓄账户和经纪账户。
年	年是一个时间段，包含 365 天，与公历一致。
月	月是一年被划分成的 12 个时间段中的一个。

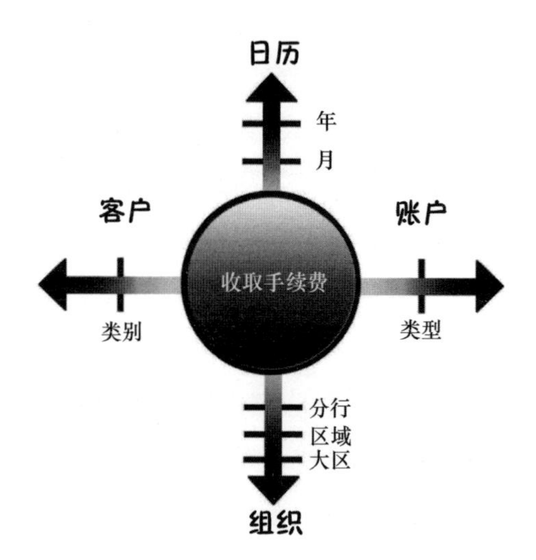

图 I-38　银行的维度视角 BTM

诸如年和月等常见术语，我们编写定义时可以少花些时间。但请确保这些定义确实是大家惯常理解的含义，因为有时候即使是年也可以有多重含义，比如是指财年还是标准日历年。

收取手续费是计量器的一个例子。计量器代表我们需要测量的业务流程。计量器对维度模型如此重要，以至于计量器的名称通常即是应用程序的名称：销售计量器就是销售分析应用程序。**大区**、**地区**和**分行**代表我们可以在组织维度内导航的细节级别。维度是一个主题，其目的是为度量添加含义。例如，**年**和**月**代表我们可以在日历维度内导航到的更细级别。所以，这个模型包含四个维度：**组织**、**日历**、**客户**和**账户**。

假设某个组织构建了一个分析应用程序来回答有关业务流程执行情况的问题，例如销售分析应用程序。在这种情况下，业务问题变得非常重要，有必要构建一个维度数据模型。维度视角侧重于业务问题。我们可以在业务术语、逻辑和物理三个级别分别构建维度数据模型。图 I-38 所示为业务术语模型（BTM），图 I-39 所示为逻辑模型（LDM），图 I-40 所示为物理模型（PDM）。

查询

假设一个组织构建了一个应用程序，期望借此了解他们的客户，来解决问题或预测结果。一个示例可能是客户（病患）旅程，我们想要了解患者以及他们接受治疗的旅程，以预测未来的治疗方案。这也可能是客户在网站上的旅程，我们想要了解客户在离开网站之前如何在网站页面上进行点击查询，而没有

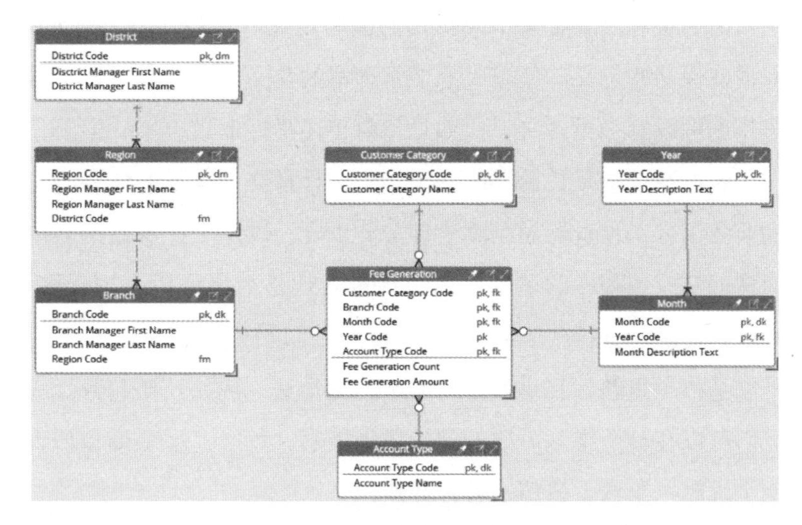

图 I-39 银行的维度视角 LDM

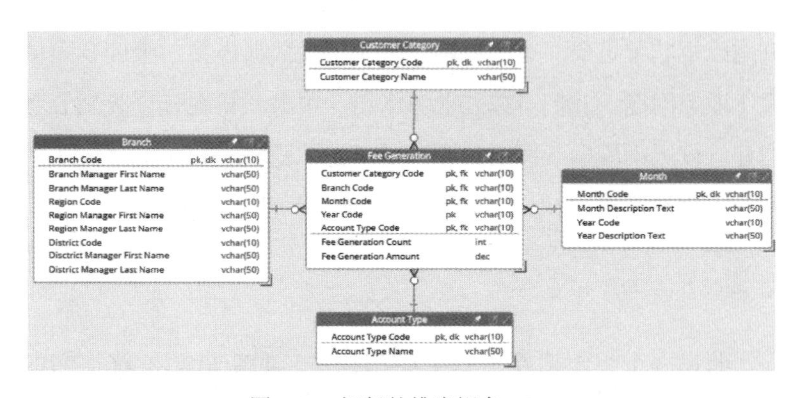

图 I-40 银行的维度视角 PDM

购买任何服务。这些类型的模型被称为“基于事件的”模型，因为客户希望从事件中获取洞察力。在基于事件的模型中，事件的模式异常重要，因此我们希望构建数据模型来回答基于模式的查询。

我们可以在业务术语、逻辑和物理三个层次构建查询数据模型。图 I-41 所示为查询视角的业务术语模型，图 I-42 所示为查询视角的逻辑数据模型，而图 I-42 也是查询视角的物理数据模型。

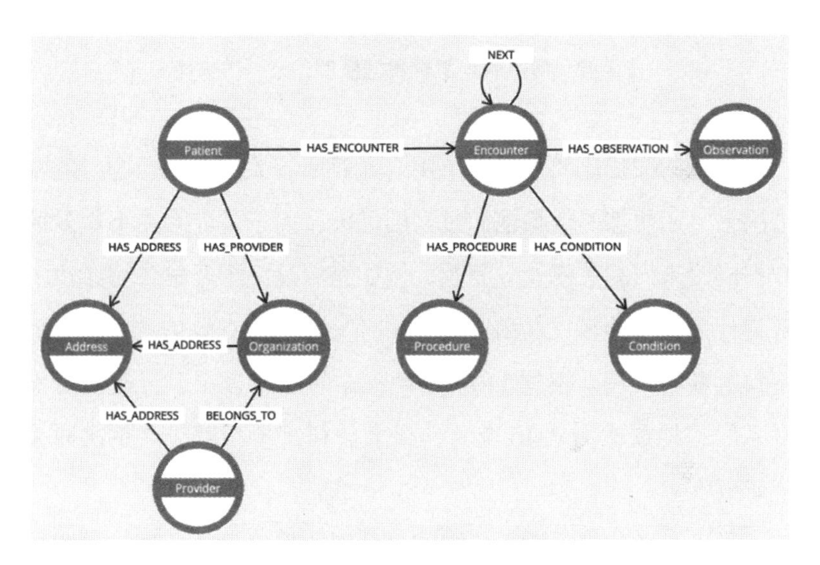

图 I-41　病患旅程查询视角的 BTM

如果您想深入了解病患旅程模型，可以参考这篇博客文章："Modeling Patient Journeys with Neo4j"（https://medium.com/neo4j/modeling-patient-journeys-with-neo4j-d0785fbbf5a2）。该文章提供了有关如何使用 Neo4j 建模病患旅程的更多详细信息和示例。

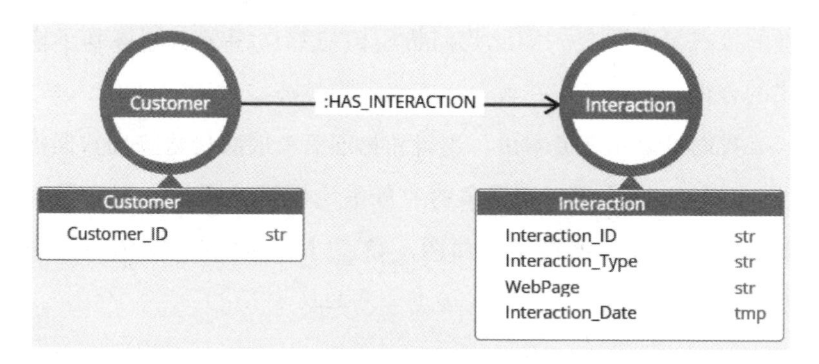

图 I-42　病患旅程逻辑数据模型，第一次迭代

出色的数据库模型有助于用户高效回答关键业务问题。通常情况下，用户都是依赖他们过去的经验，而不是建立一个高效的数据模型来回答关键业务问题。例如，假设一个金融公司希望了解为什么他们的客户在浏览其网站时没有获得有效信息，而不得不致电客服代理。根据 LiveAgent. com 的数据显示，行业内每次联系的平均成本为 7. 16 美元。金融公司都希望减少联系次数来节省成本。

假设金融公司习惯于传统的关系型数据建模，并决定将图数据建模为一个简单的**客户 -> 互动**模型。图 I-42 包含了第一次迭代的逻辑数据模型。

如需要了解客户有多少互动，以及在特定日期或日期范围内发生了多少特定类型的互动，图 I-42 所示的模型可能已经足够。然而，如果我们想要找到用户的模式(如主页访问、账户查找、账户申请、呼叫服务等)，应用程序将不得不检索大量数据，对数据进行排序、筛选，然后返回数据。这个过程可能还包括一些递归查询。这对于客户数量少的情况来说可能效果不错，但对于数百万级别下的客户和事件来说效率不高。

这里介绍一个“基于事件”的模型，其中事件之间的关系是数据的最重要部分。Neo4j 通过利用这些关系帮助我们理解这些数据。该“基于事件”的模型如图 I-43 所示。

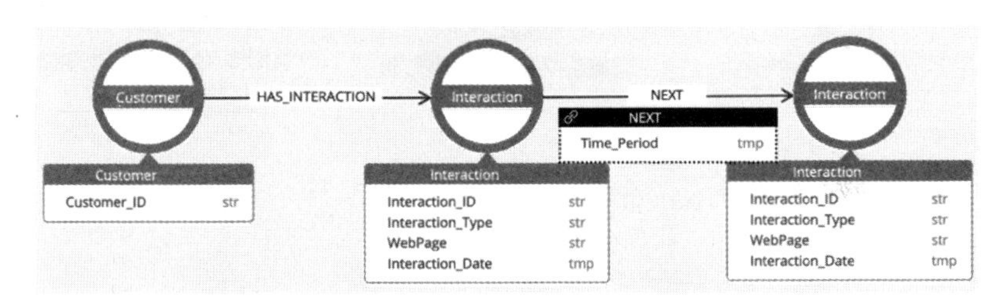

图 I-43　病患旅程逻辑数据模型，第二次迭代

修订后的模型允许我们通过编写 Cypher 查询来查找这些模式。例如，我们可以提出以下问题：“在**呼叫客服支持**之前发生了哪 4 个事件？”或者“不同类型互动之间的平均间隔是多久？”或者“本月与上个月的常见模式有哪些差异？”通过这种方式，可以轻松地分析和探索事件数据中的各种模式和趋势。

如果事件类型有限（比如少于 50 个），我们可以将关系类型建模为事件类型，然后编写查询来查找特定模式。模型可能类似于图 I-44 所示的样子。

这个模型同时包含了 NEXT 关系和特定的关系类型（例如 ACCOUNT_LOOKUP 和 CALL_CUST_SERVICE）。NEXT 关系可以用于辅助图数据科学算法或机器学习。而特定的关系类型可以帮助用户回答基于事件的查询，以识别这些事件模式。这种模型结构允许在不同的上下文中灵活地使用不同类型的关系，以满足不同的需求。

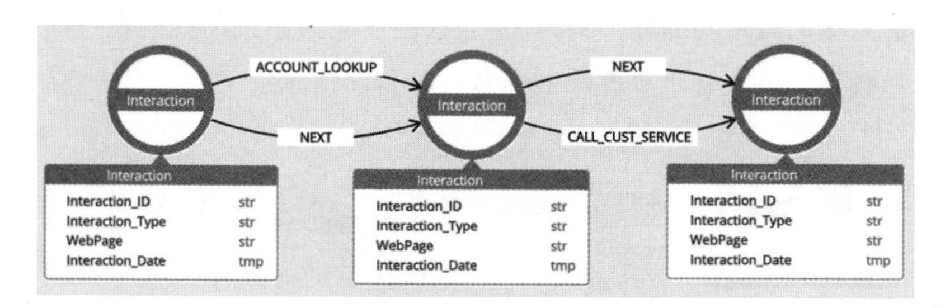

图 I-44　病患旅程逻辑数据模型，第三次迭代

业务要回答的问题才是推动数据查询和数据模型设计的源泉，这已是不争的事实。一个出色的图数据模型要能够快速回答关于数据之间关系的问题。如果在不理解业务用例和问题的情况下，就尝试构建数据模型，很可能面临返工需要重新设计数据模型。因此，在设计数据模型之前，深入了解业务需求、用例和问题是至关重要的，它将有助于构建出更符合实际需求的高效模型。这也强调了数据建模的迭代性质，因为随着业务需求的变化，数据模型可能需要不断调整和优化。

附录中提供了一些额外的 Neo4j 模型。这些模型基于公开可用的数据或图数据库的常见用例，旨在作为指南，有助于您考虑如何将用例建模为一个图模型。它们可以提供有关如何使用 Neo4j 构建不同类型的数据模型的示例和思路，有助于您更好地理解如何在实际项目中应用图数据库。

回想一下，在使用 Neo4j 时，我们开发了 BTM（业务术语模型）和 LDM（逻辑数据模型），但是数据类型和数值的强制约束是由开发人员和应用程序负责的，因此在 Neo4j 中我们不用区分逻辑模型和物理模型。

第1章 对　齐

本章将介绍数据建模方法的**对齐**阶段，解释调整业务词汇的

目的，介绍宠物之家案例，然后逐步完成对齐阶段的工作。本章结尾给出三个贴士和三个要点。

目标

对齐阶段旨在为特定项目在业务术语模型中收集通用业务词汇。本阶段所制作的数据模型传统上被称为“**概念数据模型**”（CDM）或“**业务术语模型**”（BTM）。我们更倾向于使用 BTM，因为它涉及很多业务术语。包含“业务”两字会体现业务用户需要参与该交付成果的重要性，而且“业务”参与更符合数据治理的概念。

对于 NoSQL 模型，您可能会使用不同的名字来表达**业务术语模型**（Business Terms Model，BTM），例如**查询对齐模型**（Query Alignment Model，QAM）。我也喜欢这个名称，它更加具体地说明了 NoSQL BTM 的目标，我们的目标就是对查询进行建模。

宠物之家

一个在网站上宣传宠物领养的小动物收容所——宠物之家需要我们的帮助。他们现在使用 Microsoft Access 关系型数据库来保存小动物的数据，并每周在网站上发布这些数据。请参阅图 1-1 所示来了解他们当前的流程。

图 1-1 宠物之家当前的业务流程

在小动物通过一系列检测并被认定适合领养后，会为每只动物创建一条 MS ACCESS 记录。小动物一旦做好领养准备，就称为宠物。

包括新增和已被领养宠物的登记信息，会每周一次更新到宠物之家的网站上。

由于知道这个宠物之家的人不多，因此小动物在这里的驻留时间往往比全国平均水平要长得多。因此，他们希望与其他宠物之家合作，形成一个联盟，所有宠物之家的宠物信息都将出现在一个更受欢迎的网站上。我们的宠物之家需要从当前的 MS ACCESS 数据库中提取数据，并以 JSON 格式将其发送到联盟数据库。该联盟将这些 JSON 数据源加载到他们的 Neo4j 数据库中。

现在让我们看看宠物之家当前的模型。图 1-2 所示为用来收集该项目通用业务语言的业务术语模型(BTM)。

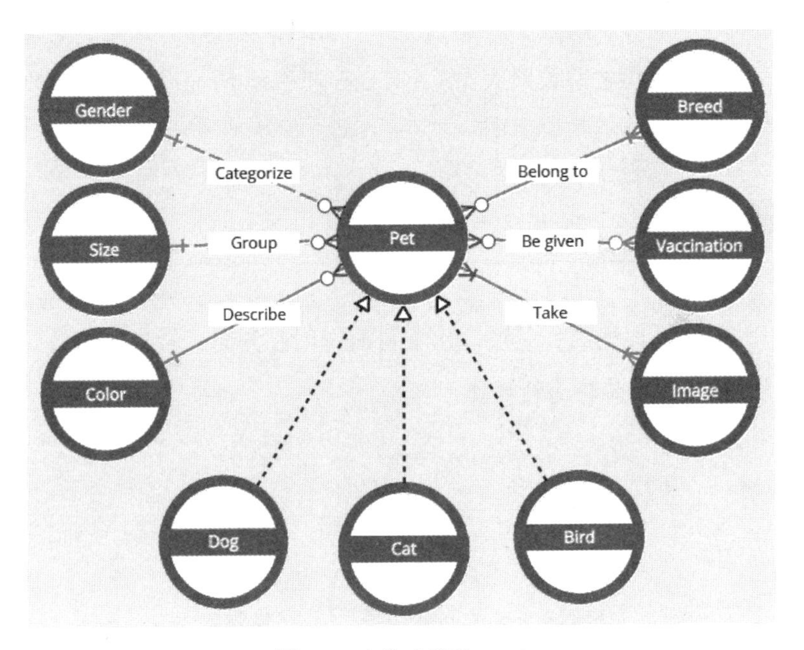

图 1-2　宠物之家的 BTM

除了此图之外，BTM 还包含每个术语的精确定义，例如本章前面提到的宠物定义：

宠物是所有通过了宠物之家收养所需审查的狗、猫或鸟。例如，如果斯帕基通过了所有身体和行为检查，我们会认为斯帕基是一只宠物。但是，如果斯帕基至少还有一项检查未通过，我们将把斯帕基标记为后续会重新评估的动物。

宠物之家对自己的业务非常了解，并已建立了相当稳固的模型。回想一下，他们通过 JSON 将数据发送给联盟，联盟的 Neo4j 数据库将接收并加载这些数据以显示在他们的网站上。让我们以联盟这个场景全面学习对齐、细化和设计的方法论，然后致力于将宠物之家数据从 MS ACCESS 迁移到 Neo4j 所需的 JSON 格式。

方法

对齐阶段的目标是整理出项目的通用业务词汇。我们将按照图 1-3 所示的步骤进行操作。

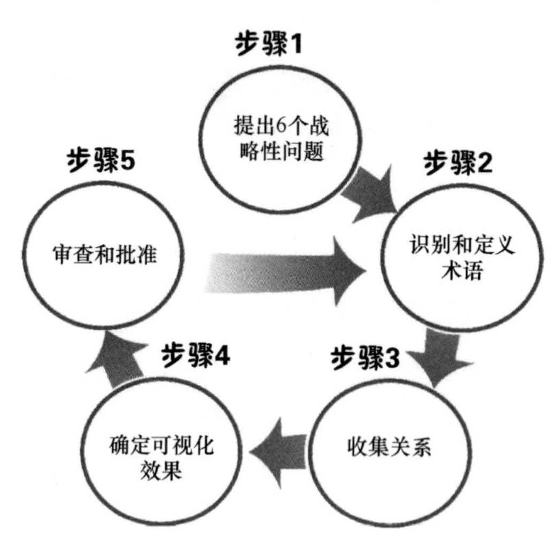

图 1-3　创建 BTM 的步骤

在开始任何项目之前，我们必须提出 6 个战略性问题(第 1 步)，这些问题是任何项目成功的先决条件，它们可以确保我们为 BTM 选择正确的术语。接下来，识别项目范围内的所有术语(第 2 步)，确保每个术语都定义清晰完整。然后确定这些术语之间的关系(第 3 步)，通常，在这一点上您需要返回第 2 步，因为在收集关系时，您可能会想到新的术语。接下来，确定对受众最有利的可视化效果(第 4 步)，要重点考虑与需要查看和使用 BTM 的人最相关的视觉效果。最后一步，让 BTM 获得批准(第 5 步)，通常在这一步，模型会有额外更改，我们会循环这些步骤直到模型被接受。

下面让我们按照这 5 个步骤构建一个 BTM。

第 1 步：提出 6 个战略性问题

提出 6 个战略性问题以确保获得有价值的 BTM。这些问题如图 1-4 所示。

1) 我们的项目是什么？ 这个问题可以确保我们对项目有足够的了解，以确定项目范围。了解范围使我们能够决定哪些术语应出现在项目的 BTM 上。艾瑞克·伊文思(Eric Evans)在他的《领域驱动设计》一书中提出了“限界上下文”的概念，就是关于理解和定义范围的。例如，动物、宠物之家员工和宠物食品等概念不在项目范围内。

2) 灵活性还是简单性？ 这个问题可以确保我们只在需要灵活性的情况下才引入通用术语。通用术语可以包容目前还不知道的新类型术语，还可以让我们更好地将类似的术语分组。例如，**人员**(Person)具有灵活性，而**雇员**(Employee)具有简单性。**人员**可以包含我们还没有考虑过的其他术语，如**领养人、兽医、志愿者**。但是与**雇员**相比，人员这个概念可能更让人难以理解。通常使用**雇员**等业务特定概念来描述我们的流程。

图 1-4　确保模型成功的 6 个关键问题

3) 现在还是以后？这个问题可以确保我们为 BTM 选择了正确的时间视角。BTM 在一个时间点收集通用业务语言。如果我们打算收集今天的业务流程如何工作或分析，那么我们需要确保概念及其定义和关系反映当前的视角(现在)。如果我们打算收集未来某个时间(比如一年或三年后)的业务流程，应该如何工作或分析？那么我们需要确保概念及其定义和关系能够反映未来的视角(将来)。

4)正向工程还是逆向工程？这个问题可以确保我们为 BTM 选择最合适的“语言”。如果是业务需求驱动型项目，那么属于正向工程，应选择业务语言。无论组织准备使用 SAP 或 Siebel，BTM 都将包含业务术语。如果是应用程序推动型项目，那么属于逆向工程，应选择应用程序语言。如果应用程序使用对象(Object)来表示某个产品(Product)，这个产品将在模型上显示为 Object，并根据应用程序的方式对该术语进行定义，而不是根据业务方式的术语定义。作为逆向工程的另一个示例，您的起点可能是某种物理数据结构，例如数据库、XML 或 JSON 文档。例如，以下 JSON 代码段可能会揭示收容所志愿者这个业务术语的重要信息：

```
{
  "name": "John Smith",
  "age": 35,
  "address": {
    "street": "123 Main St",
    "city": "Anytown",
    "state": "CA",
    "zip": "12345"
  }
}
```

5)运营、分析还是查询？这个问题可以确保我们选择正确类型的 BTM——关系、维度或查询。每个项目都需要相应的 BTM。

6) 受众是谁？ 我们需要知道谁（验证人）来审查我们的模型以及谁（用户）来使用我们的模型。

(1) 我们的项目是什么？

玛丽是宠物之家负责入驻的志愿者。入驻是接收动物并完成准备工作等待领养的过程。她已经当了十多年的志愿者，是建立原始 MS ACCESS 数据库的主要业务人员。

她对这个新项目非常热心，认为这样可以让小动物以更短的时间被领养。我们可以从采访玛丽开始，其目标是对项目有一个清晰的理解，包括范围：

你： 谢谢你抽出时间与我见面。这只是我们的第一次会议，我不想占用你太多的时间，所以让我们直接进入采访的目的，然后是一些问题。如果越早确定范围，然后定义范围内的术语，项目成功的机会就越大。你能否与我分享更多关于这个项目的信息吗？

玛丽： 当然！我们项目的主要驱动力就是让宠物们尽快被领养。如今，宠物平均被领养周期需要两个星期。我们和其他本地的小型收容所想将这个时间缩短到平均 5 天，甚至更少，希望如此。我们要将宠物数据发送给各地宠物之家组成的联盟，以汇总我们的列表并触及更广泛的领养者。

你： 你所说的是我们这里有所有类型的宠物，还是只有狗和猫呢？

玛丽： 我不确定除狗和猫外，其他宠物之家有什么样的宠物，但我们也有鸟等待领养。

你：好的，有没有需要从这个项目中排除的宠物？

玛丽：嗯，一只动物需要几天时间进行评估才能被视为符合领养条件。我们会进行一些检查，有时还要做手术。当一只动物完成了这些过程并准备好被领养时，我喜欢使用宠物这个词称呼它们。所以我们确实有一些还不是宠物的动物。在这个项目中只包含宠物。

你：明白了。当有人想要寻找一个宠物时，他们会怎么筛选呢？

玛丽：我和其他宠物之家的志愿者交谈过。大家认为首先要按宠物类型(如狗、猫或鸟）筛选，然后要按品种、性别、颜色和体型筛选。

你：当查看筛选器选择返回的宠物描述时，人们会期望看到什么样的信息？

玛丽：大量的照片图像，一个可爱的名字，可能还有宠物颜色或品种的信息，诸如此类的信息。

你：有道理。人呢？这个方案中人重要吗？

玛丽：什么意思？

你：嗯，送来宠物的人和领养宠物的人。

玛丽：哦，对。我们会跟踪这些信息。顺便说一句，我们把送来动物的人称为弃养者(Surrenderer)，领养宠物的人称为领养者(Adopter)。我们不会向联盟发送任何个人详细信息。我们认为这些信息和本项目不相关，也不想因隐私问题而被起诉。不然的话，虽然斑点狗不会起诉我们，但弃养者鲍勃可能会。

你：我理解了。嗯，我想我理解这个项目的范围了，谢谢你。

我们现在对项目的范围有了很好地理解。它包括所有宠物（不是所有动物），但不包括人。随着术语的细化，我们可能会围绕方案的范围向玛丽提出更多问题。

（2）灵活性还是简单性？

让我们继续采访回答接下来的问题。

你：灵活性还是简单性？

玛丽：我不明白这个问题。

你：我们需要确定是使用通用术语还是使用更具体的术语。使用通用术语，如使用哺乳动物而不是狗或猫，可以让我们包括暂时没有的宠物，比如其他种类的哺乳动物，如猴子或鲸鱼。

玛丽：这个月我们没有鲸鱼等着被领养。[笑]

你：哈哈！

玛丽：灵活性似乎很吸引人，但我们不应该过火（过于灵活）。我们能预见到以后可能会有其他种类的宠物，所以一定程度的灵活性在这里是必要的。但不要太多。我还记得在 MS ACCESS系统上工作的时候，有人试图让我们使用**参与者**（Party）的概念来表示狗和猫。对我们来说要理解这一点太难了。如果你明白我的意思的话，**参与者**这个说法太模糊了。

你：我知道你的意思。好的，有一些灵活性可以容纳不同种类的宠物即可，但不要过火。明白了。

(3) 现在还是以后？

现在进入下一个问题。

你：您希望我们要设计的模型应该反映宠物之家现在的情况，还是联盟的应用程序上线后的其他样子？

玛丽：我觉得这不是问题。在新系统中我们没有改变任何东西。宠物还是宠物。

你：好的，这样就简单多了。

正如我们从前三个问题的访谈中所看到的，很少有直接和简单的答案。显然，在项目开始时提出这些问题要比按照假设开工，然后在变更后需要返工更有效率。

(4) 正向工程还是逆向工程？

由于首先需要在实现软件解决方案之前理解业务的运作方式，所以这是一个正向工程项目，我们采取正向工程。这意味着项目由需求驱动，因此我们的术语都是业务术语，而非应用程序术语。

(5) 运营、分析还是查询？

这个方案主要是展示宠物的信息以推动宠物的领养，这是典型的查询行为，我们将构建查询视角的 BTM。

(6) 我们的目标受众是谁?

我们的目标受众是谁?也就是说,谁会来验证模型并在未来使用这些模型?玛丽似乎是最佳的验证者候选人。她非常了解现有的应用程序和流程,并致力于确保新方案取得成功。潜在的领养者将是系统的用户。

第 2 步:识别和定义术语

首先需要关注用户故事,然后确定每个故事的详细查询,最后按发生顺序排列这些查询。这是一个迭代的过程。例如,我们可能在两个查询之间识别顺序,并意识到用户故事中需要修改或添加某些查询。下面让我们逐步完成这几个步骤。

(1) 写下用户故事

用户故事已经存在很长时间了,这个工具对于 NoSQL 建模非常有用。维基百科将用户故事定义为:对软件系统功能非正式的、自然语言的描述。

用户故事为 BTM(也称为查询对齐模型)提供了范围和概述。一个查询对齐模型适用于一个或多个用户故事。用户故事的目的是以非常高级别的方式描述业务价值的交付过程。用户故事通常采用图 1-5 所示的模板结构。

以下是来自 tech. gsa. gov 的一些用户故事示例:

1) 作为内容所有者,我希望能够创建内容产品,以便提供一些有用的信息，并推销给客户。

模板	包括
作为（利益相关者）	谁
我希望（需求）	什么
以便（动机）	为什么

图 1-5　用户故事模板

2)作为编辑，我希望在发布内容之前对其进行审核，以便确保待发布的内容使用正确的语法和语气。

3)作为人力资源经理，我需要查看候选人的状态，以便在招聘的各个阶段管理他们的申请流程。

4)作为营销数据分析师，我需要运行 Salesforce 和谷歌分析报告，以便制定每月媒体运营计划。

为了保持宠物之家案例相对简单，假设联盟所有的宠物之家开会，并确定如下这些最受欢迎的用户故事：

1)作为潜在的宠物狗领养者，我希望按照特定的品种、颜色、体型和性别检索，以便找到我喜欢类型的狗。还要确保要领养的狗接种过最新的疫苗。

2)作为潜在的宠物鸟领养者，我希望按照特定的品种和颜色检索，以便找到我想要类型的小鸟。

3)作为潜在的宠物猫领养者，我希望按照特定的颜色和性别检索，以便找到我想要类型的猫。

(2)收集查询

接下来，我们在项目范围内收集用户故事的查询要求。虽然我们希望收集更多用户故事以确保牢牢掌握范围，但是对于NoSQL应用程序，单个用户故事驱动就足够了。所谓查询一般以“动词”开头，是执行某项操作的动作。某些NoSQL数据库供应商使用“访问模式”一词而并非“查询”，而我们使用“查询”一词也包含了“访问模式”的含义。

以下是满足三个用户故事的查询：

Q1：只显示可以被领养的宠物。

Q2：按品种、颜色、体型和性别筛选接种了最新疫苗的狗。

Q3：按品种和颜色筛选鸟。

Q4：按颜色和性别筛选猫。

现在我们有了方向，可以与业务专家合作识别和定义项目范围内的术语了。

回想一下，我们将术语定义为表示业务数据集合的名词，并且要求对特定方案的受众产生既通俗易懂又至关重要的名称。一个术语应该是6个类别中的一种：谁、什么、何时、哪里、为什么或如何。可以基于这 6 个类别来创建一个术语模板，帮助我们的 BTM 收集术语，如图 1-6 所示。

谁?	什么?	何时?	哪里?	为什么?	如何?

图 1-6　术语模板

以上是一个用于头脑风暴的小工具，这里的填写顺序不代表重要程度，也就是说，第一条写下的术语并不意味着比第二条写的术语更重要。此外，在某些情况下，某些列中有多个术语，某些列中可能没有术语。

我们再次与玛丽见面，基于查询需求完成了模板填写，如图 1-7 所示。

请注意，这是一个头脑风暴会议，模板上可能出现一些在关系型 BTM 上没有出现的术语。需要排除的术语分为以下三类：

- **过于详细**。实体的属性应该出现在 LDM 上而不是 BTM

上。例如，接种日期（Vaccination Date）就比宠物（Pet）和品种（Breed）具有更加具体的信息。

谁?	什么?	何时?	哪里?	为什么?	如何?
弃养者	宠物	打疫苗	板条箱	疫苗	疫苗接种
领养者	狗	日期		领养	领养
	猫			促销	促销
	鸟				
	品种				
	性别				
	颜色				
	体型				
	图像				

图 1-7　宠物之家最初完成的模板

- **超出范围**。头脑风暴是测试方案范围的好方法。通常，添加到术语模板中的术语需要进行额外的讨论，以确定它们是否在范围内。例如，我们知道**弃养者**（Surrenderer）和**领养者**（Adopter）超出了本次项目的范围。
- **冗余**。为什么（Why）和怎么样（How）两类问题通常非常相似。例如，**接种**（**Vaccinate**）事件记录在实体**接种**（**Vaccination**）

中。**领养**（**Adopt**）事件记录在实体**领养**（**Adoption**）中。因此，无须重复事件和记录。在这种情况下，我们选择记录。也就是说，选择“怎么样”而不是“为什么”。

午餐休息后，我们再次与玛丽见面，并细化了术语模板，如图 1-8 所示。

谁?	什么?	何时?	哪里?	为什么?	如何?
~~弃养者~~	宠物	~~打疫苗~~	~~板条箱~~	~~疫苗~~	疫苗接种
~~领养者~~	狗	~~日期~~		~~领养~~	~~领养~~
	猫			~~促销~~	~~促销~~
	鸟				
	品种				
	性别				
	颜色				
	体型				
	图像				

图 1-8 宠物之家的细化术语模板

在头脑风暴会议上，我们可能会有非常多的问题。能多提问非常好，提问有如下三个好处：

- **逐步清晰**。探索找到一组精确术语所需的满意水平。寻找定义中存在的漏洞和有歧义的地方，并提出问题，这些问题的答案将使定义更加精确。例如，“一只宠物可以属于多个品种吗?”这个问题的答案将完善联盟对宠物、品种及其关系的看法。熟练的分析师会保持务实的态度，来避免导致“分析瘫痪”。同样，熟练的数据建模人员也必须务实，以确保为项目团队提供价值。

- **揭示隐藏的术语。**问题的答案通常能探索出 BTM 上原本会错过的更多术语。例如，更好地理解疫苗和宠物之间的关系可能发现 BTM 上有更多术语。
- **现在好过以后。**最终版的 BTM 价值巨大，但获得最终模型的过程也很有价值。辩论和挑战性问题会引人反思，在某些情况下，人们也会为他们的观点辩护。如果在构建 BTM 的过程中没有提出和回答问题，这些遗留问题将在项目的后期提出并得到解决，这时更改会很费时费钱。即使像“我们还可以使用哪些属性来描述宠物?”这样简单的问题也可以引发与健康相关的辩论，从而产生更精确的 BTM。

下面是每项术语的定义：

宠物	一只准备好可以被收养的狗、猫或鸟。动物在通过宠物之家工作人员的某些检查后成为宠物。
性别	宠物的生物性别。宠物之家中使用三个值： • 雄性。 • 雌性。 • 未知。 如果不确定性别，则为未知。

（续）

体型	这个值主要和狗相关，宠物之家中使用三个值： • 小型。 • 中型。 • 大型。 猫和鸟一般分配为中型，小奶猫分配为小型，鹦鹉分配为大型。
颜色	宠物的皮毛、羽毛或漂染的主要颜色。颜色的示例包括棕色、红色、金色、奶油色和黑色。如果宠物有多种颜色，我们要么指定一种主要颜色，要么指定一个更通用的名称来包含多种颜色，例如纹理、斑点或补丁。
品种	来自维基百科的定义适用于我们的项目： 品种是指具有同质外观、同质行为和/或可将其与同种其他生物区分开来特征的一组驯养动物。
疫苗接种	为宠物接种疫苗，以保护其免受疾病侵害。疫苗的例子有如狗和猫的狂犬病疫苗，以及鸟的相关病毒疫苗。
图像	为将在网站上发布而拍摄的宠物照片。
狗	来自维基百科的定义适用于我们的项目： 狗是狼的驯化后代，也称为家犬，它来源于已经灭绝的史前狼，现代狼是狗的近亲。在农业发展的1.5万年前，狗是第一种被狩猎者驯化的物种。
猫	来自维基百科的定义适用于我们的项目： 猫是一种小型食肉目驯养哺乳动物。它是食肉目猫科中唯一的驯养种，通常称为家猫，以区别于该科的野生成员。
鸟	来自维基百科的定义适用于我们的项目： 鸟类是一类温血脊椎动物，构成类鸟纲，以羽毛、无齿喙状颌、硬壳蛋、高代谢率、四腔心和强而轻的骨骼为特征。

第3步：收集关系

尽管这是一个查询视角的BTM，但我们可以通过询问参与类和存在类问题来精确识别每个关系的业务规则。参与类问题确定关系线上每个术语旁边是一还是多个。存在类问题确定关系线上任一术语旁边是零个(May)还是一个(Must)的符号。

通过与玛丽合作访谈，我们在模型上标识了如下这些关系：

- **宠物**可以是**鸟**、**猫**或**狗**(子类型)。
- **宠物**和图像。
- **宠物**和**品种**。
- **宠物**和**性别**。
- **宠物**和**颜色**。
- **宠物**和**疫苗接种**。
- **宠物**和**体型**。

表 1-1 包含了上述关系的参与性和存在性问题的答案(不包括子类型的关系)。

表 1-1 参与性和存在性问题的答案(不包括子类型的关系)

Question(问题)	**Yes**(是)	**No**(否)
性别可以用来分类多只宠物吗?	√	
一只宠物可以归属多个性别分类吗?		√
性别可以在没有宠物的情况下存在吗?	√	
宠物可以在没有确定性别的情况下存在吗?		√
体型可以对多只宠物进行分组吗?	√	
一只宠物可以被归属多个体型分组吗?		√
体型可以在没有宠物的情况下存在吗?	√	
宠物可以在没有确定体型的情况下存在吗?		√
颜色可以描述多只宠物吗?	√	
一只宠物可以被多种颜色描述吗?		√

（续）

Question（问题）	**Yes**（是）	**No**（否）
颜色可以在没有宠物的情况下存在吗？	√	
宠物可以在没有标明颜色的情况下存在吗？		√
一只宠物可以属于多个品种吗？	√	
一个品种可以包含多只宠物吗？	√	
宠物可以在没有标明品种的情况下存在吗？		√
品种可以在没有任何宠物的情况下存在吗？	√	
一只宠物可以接种多种疫苗吗？	√	
每次疫苗接种可以给多只宠物接种吗？	√	
宠物可以在没有接种疫苗的情况下存在吗？	√	
疫苗可以在没有宠物接种的情况下存在吗？	√	
一只宠物可以拍摄多张图像吗？	√	
一张图像可以拍摄多只宠物吗？	√	
宠物可以在没有图像的情况下存在吗？		√
图像可以在没有宠物的情况下存在吗？		√

在将每个问题的答案翻译成模型后，我们得到了宠物之家的BTM，如图1-9所示。

这些关系可以解读为：

- 每个**性别**可以分类许多**宠物**。
- 每只**宠物**必须被分类到一个**性别**。
- 每个**体型**可以对许多**宠物**进行分组。
- 每只**宠物**必须被分组为一个**体型**。
- 每种**颜色**可以描述许多**宠物**。
- 每只**宠物**必须被**指明**为一种颜色。

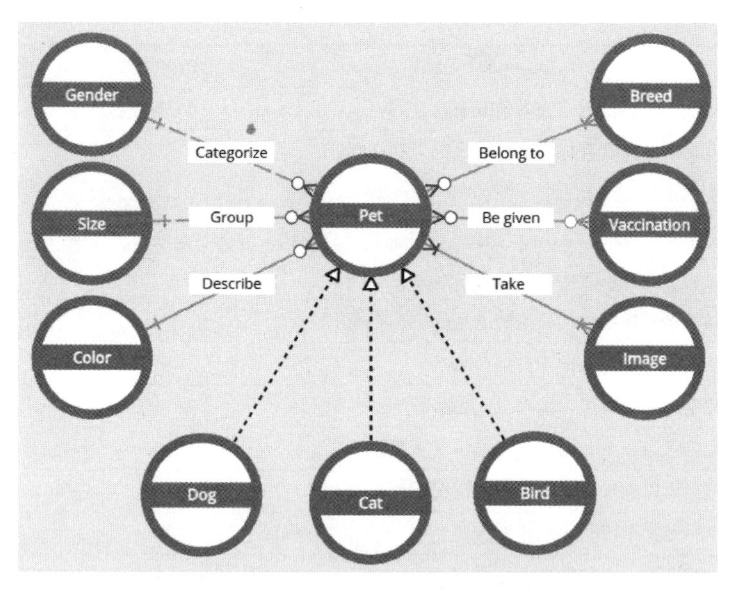

图 1-9 宠物之家的 BTM(显示了规则)

- 每只**宠物**必须属于多个**品种**。
- 每个**品种**可以包含多只**宠物**。
- 每只**宠物**可以进行多次**疫苗接种**。
- 每次**疫苗接种**可以给多只**宠物**接种。
- 每只**宠物**必须拍摄多张图像。
- 每张图像可以拍摄多只**宠物**。
- 每只**宠物**可以是**狗**、**猫**或**鸟**的一种。
- 狗是一种宠物、**猫**是一种**宠物**、**鸟**是一种**宠物**。

参与性和存在性问题的答案取决于上下文。也就是说，项目的范围确定了答案。在这种情况下，本次项目的范围是宠物之家业务的子集，将作为联盟项目的一部分，我们现在必须知道宠物只能用一种颜色来描述。

尽管我们已经确定使用 Neo4j 数据库来回答以上这些查询。还是应该看到传统的数据模型方法在提出正确问题方面提供的价值，它提供了一个强大的沟通媒介，显示了术语及其业务规则。即使我们的解决方案没有打算在关系型数据库中实现，这个 BTM 也提供了很多价值。

如果您体会到了这个价值，即使打算采用 Neo4j 之类的 NoSQL 数据库解决方案，也要构建关系数据模型。也就是说，如果您觉得以精确的方式解释术语及其业务规则有价值，就请构建关系型的 BTM。如果您觉得使用规范化将属性组织成集合有价值，就请构建关系型的 LDM。这有助于您组织思路，并提供一种非常有效的交流工具。

当然，我们的最终目标是创建一个 Neo4j 数据库。因此，需要一个查询 BTM，所以我们需要确定运行查询的顺序。

可以通过绘制查询顺序图来生成查询 BTM。查询 BTM 是交付项目范围内用户故事所需的所有查询的编号列表。该模型还显示查询之间的顺序或依赖关系。前面五个查询的查询型 BTM 如图 1-10 所示。

所有查询都取决于第一个查询。也就是说，首先需要按动物类型进行筛选。

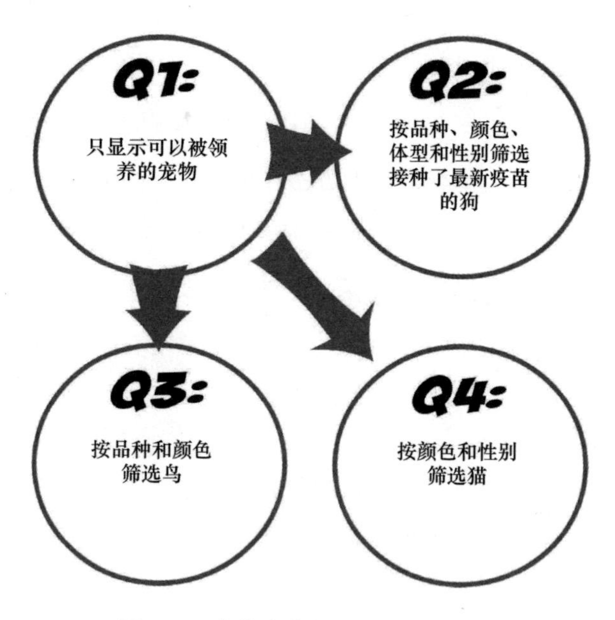

图 1-10　宠物之家的 BTM(显示查询)

第 4 步：确定可视化效果

构建好的模型需要有人审查，并将模型用作后续交付成果(如软件开发)的输入，因此决定使用哪种可视化效果是一项重要工作。通过战略问题 6“我们的目标受众是谁?”的答案，我们知道玛丽是合适的验证者。

有多种不同的方法可以用于展示 BTM。选择因素包括受众的技术能力和现有的工具环境。

所以，了解组织当前使用哪些数据建模表示法和数据建模工具会很有帮助。如果受众熟悉特定的数据建模表示法——例如我们在本书中一直在使用的信息工程(IE)——那么这就是我们应该使用的符号。如果受众熟悉特定的数据建模工具，例如IDERA的ER/Studio、erwin DM或Hackolade Studio，并且该数据建模工具使用其他不同的表示法，我们就应该使用该工具及其表示法来创建BTM。

幸运的是，我们创建的两个BTM，一个用于规则，另一个用于查询，都是非常直观的，所以该模型很容易为受众所理解和接受。

第5步：审查和批准

我们之前确定了负责验证模型的个人或小组。现在我们需要向他们展示模型，以确保模型是正确的。通常在经过这一阶段的审查后，模型会进行一些更改，然后再次向验证人员展示模型。这种迭代过程会一直持续，直到验证者批准模型为止。

三个贴士

1)组织。您在构建前面这个“模型”中所经历的步骤，与我们在构建任何其他模型时经历的步骤基本相同。这都是关于组织的有用信息。数据建模人员非常了不起，他们以精确的形式表达混乱的现实世界，创建强大的交流工具。

2)80/20法则。不要追求完美。大量需求会议花费了太多的时间讨论某个细节特定问题，导致会议没有实现目标就结束了。在讨论几分钟后，如果您觉得问题的讨论可能会占用太多时间并没有得到解决时，请记录该问题并继续下一个话题。您会发现，为了与敏捷或其他迭代方法更好地协作，您可能必须放弃完美主义。更好的方法是记录未有答案的问题，然后继续前进。交付不完美但仍然非常有价值的东西，相比什么都没有交付要好得多。您会发现，您可以在 20%的时间内完成数据模型约 80%的内容。其中的一项交付成果应该是包含未回答问题和未解决问题的文档。要想所有这些问题都得到解决，需要约 80%的时间，模型才能 100%完成。

3) 外交官。正如威廉·肯特(William Kent)在《数据与现实》(1978)中所说：所以，再说一次，如果要建设一个关于图书的数据库，在我们能知道一个人讲的到底是什么意思之前，最好在所有用户之间就“图书”达成共识。在构建解决方案之前，请花时间努力就术语达成共识。想象一下有人在不确切知道宠物定义的情况下查询宠物会发生什么情况吧！

三个要点

1) 在任何项目开始之前，必须提出 6 个战略问题(第 1 步)。这些问题是任何项目成功的先决条件，因为它们可以确保我们为 BTM 选择正确的术语。接下来，识别项目范围内的所有术语(第 2 步)，确保每个术语的定义都清晰完整。然后确定这些术语之间的关系(第 3 步)，通常，在这一点上您需要返回第 2 步，因为在收集关系时，您可能会想到新的术语。接下来，确定对受众最有利的可视化效果(第 4 步)，考虑那些需要查看和使用 BTM 的人最认可的视觉效果。最后一步，寻求 BTM 的批准(第 5 步)，通常在这一点上，模型会有额外的更改。我们会循环这些步骤直到模型被接受。

2)理解业务问题。首先要问自己这是否是一个图能解决的问题。数据元素之间的关系是否提供了高价值？是否存在多层次的关系？如果是的话，那么图数据库是一个很好的解决方案，可以将业务建模为一个图。不要试图使用其他数据库技术来建模一个用图就可以解决的问题。

3)作为一个组织中的数据模型师，在命名约定方面要保持一致。关系类型应该具有描述性，能够清晰地描述关系。不应该一切都命名为 RELATED_TO(相关)。模型中不应该出现**宠物和品种相关(PET RELATED_TO BREED)**、**宠物和猫相关(PET RELATED_TO CAT)**这种笼统的关系。

第2章

细　　化

本章将进入数据建模的细化阶段。我们将解释细化的目标，细化宠物之家案例的模型，然后逐步完成细化阶段的工作。我们

在章节末尾给出三个贴士和三个要点。

目标

细化阶段的目标是基于我们在对齐阶段定义的通用业务词汇创建逻辑数据模型(LDM)。**细化**是建模人员在不用考虑实现因素(如软件和硬件)的复杂情况下获取业务需求的方式。

宠物之家的逻辑数据模型(LDM)使用 BTM 中的通用业务语言来精确定义业务需求。LDM 经过了充分的属性补充，但独立于技术实现。我们通过在第 1 章中介绍的规范化概念来构建关系型的 LDM。图 2-1 所示为宠物之家的关系型 LDM。

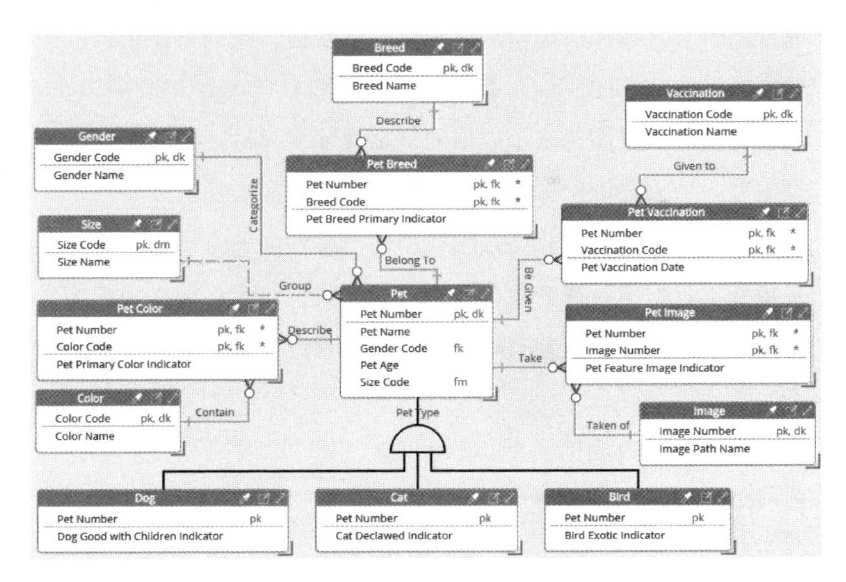

图 2-1　宠物之家的关系型 LDM

Neo4j 是一种 NoSQL 数据库，这意味着它是无模式的(Schemaless)。作为数据建模人员，我们期望建模工具最终能够生成一份 DDL(数据定义语言)脚本，用于后续的物理数据模型建设。

由于 Neo4j 是无模式的，我们往往陷入了建模数据而非数据模型的陷阱。

我们的目标是构建一个基于用户需求的数据模型。

当我们说“建模数据”时，指的是我们可能会得到一个包含 100 行数据，用来描述宠物之家的电子表格。与其说是为**宠物**(Pet)建模，实际可能是为具体的宠物“詹姆斯”进行建模。如果詹姆斯是纯种宠物，我们可能会忽略了一个宠物可以归为多个品种的事实。如果詹姆斯只接受过一种疫苗，我们可能会将疫苗建模为**宠物**节点的属性，而不是将**接种**设计为一个单独的节点。这种建模方法可能忽略了数据的复杂性和多样性，因此在构建数据模型时，需要综合考虑用户需求和数据的多样性。

使用样本数据来验证数据模型的准确性是非常重要的，而不是将样本数据本身视为数据模型。如果我们仅仅将数据建模为样本数据的样子，可能会忽略很多业务规则或关系，导致数据模型不完整或不准确。

在构建逻辑数据模型(LDM)时，我们意识到为关系型数据库(RDBMS)和 Neo4j 进行建模非常相似。然而，还需要注意一些重要的区别：

- 在 Neo4j 中，一个节点可以具有多个标签(Labels)，而在关系型数据库中，通常一个表只对应一个实体。这意味着在Neo4j 中，一个节点的实例可以同时属于多个实体或类别。

- 在 Neo4j 中，两个不同节点之间可以存在多个关系，而不像关系数型据库中那样只有主键/外键关系。
- 在 Neo4j 中，具有相同标签的节点之间的关系非常重要，这种关系在关系数据库(RDBMS)中较少见。
- 在关系数据库(RDBMS)中，通常会存储多个属性。相对应的是，Neo4j 在关系方面表现出色，但在节点上存储的属性数量方面表现较差。一般的规则是每个节点的属性数限制在大约 20 个。虽然这只是个一般性规则，有时可能需要超出这个规则，让一个节点超过 20 个属性。但是，我们需要确切地确定应该放在节点上的属性。在 Neo4j 中，我们应该仅存储用于查询或筛选的属性，多余的属性会占用存储空间，并可能影响查询性能。然而，如果您确实需要将属性显示给最终用户，尽管可以存储它们，但需要考虑对存储和查询性能的潜在影响。因此，在决定存储哪些属性时，需要权衡存储需求和性能需求。
- 当我们需要将多个项目关联在一起时，Neo4j 会使用一个中间节点(Intermediate Node)来确保对事件关系进行了正确的建模。例如，如果宠物之家想要跟踪兽医访问记录，我们可以引入一个事件(Event)节点，将宠物、兽医、兽医诊所和疫苗连接在一起。示例类似于图 2-2 所示的模型。

宠物之家的逻辑数据模型(LDM)使用来自业务术语模型

(BTM)的通用业务语言来精确定义业务需求(例如“我需要在这份报告上看到客户的姓名和地址”)。LDM 定义了系统要呈现的全部属性，但与技术无关。这意味着 LDM 详细描述了业务需求和数据模型，但并不关注特定的技术或实现细节。它为系统的开发提供了一个清晰的蓝图，可以根据此蓝图来选择合适的技术和工具来实现系统。

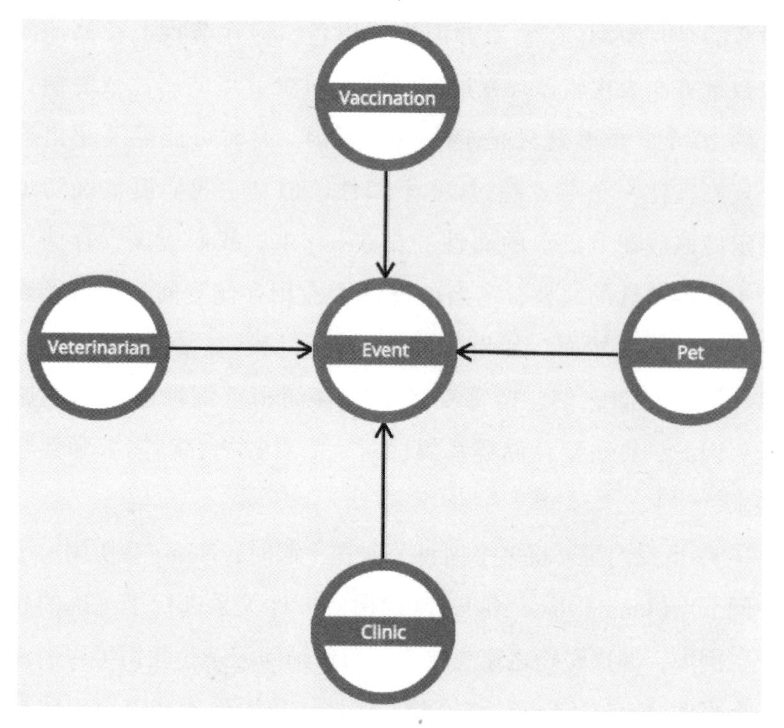

图 2-2　事件节点将宠物、诊所、兽医(Veterinarian)和疫苗连接在一起，可以轻松地查看诊所和兽医及宠物的疫苗接种关系

方法

细化阶段完全是确定业务需求方案的过程。最终的目标是一个逻辑数据模型，它收集了回答各类查询所需的属性和关系，要完成的步骤如图 2-3 所示。

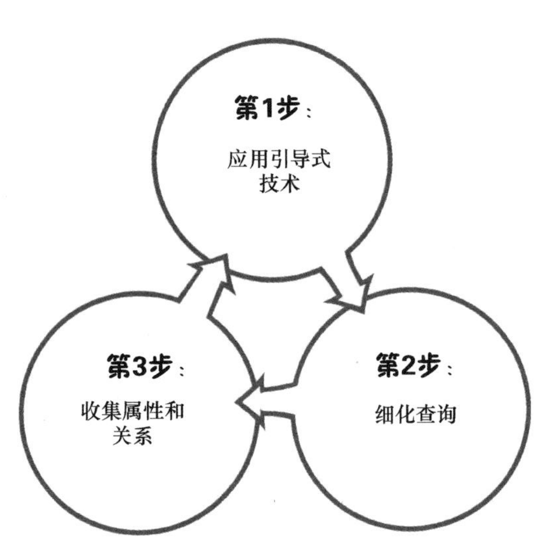

图 2-3　细化阶段的步骤

与传统逻辑数据模型中需要确定更细节的结构类似，我们要在细化阶段确定交付各类查询所需的更详细结构。因此，如果您愿意，可以将查询 LDM 称为查询细化模型。查询细化模型就是一份关于查询的答案，揭示了业务流程及见解。

图模型非常有利于引导和收集推动查询的重要问题。此外，这种模型易于理解，并允许最终用户迅速了解哪些数据可用，以及如何与其他数据相关联。

第 1 步：应用引导式技术

这是我们与业务利益相关者互动以识别回答查询所需属性和关系的地方。互动通常是个不断完善的过程，直到时间用尽。我们可以使用的技术包括访谈、遗留文档分析（研究现有或拟议的业务或技术文档）、工作观察（观察某些人工作）和原型开发。您可以使用这些技术的任意组合来获取回答查询所需的属性和关系。这些技术通常是在敏捷框架内使用的，您可以根据初衷和利益相关者的需求选择使用哪些技术。例如，如果利益相关者说："我不知道我想要什么，但当我看到时就会知道这是不是我要的"，那么构建原型可能是最佳方法。

在许多情况下，特别是对于 Neo4j 这样的数据库，当不知道甚至不清楚可以回答什么问题时，我们通常会从现有数据分析开始，进行一种称为"文档"的研究。

需求获取过程必须是用例驱动，并了解使用图数据库的最终用户。最佳的架构设计取决于用户以及这些用户将要处理的用例。为了朝着最佳设计方向前进，需求获取阶段应该提出以下问题：

- 图模型的用户将会是谁？
- 用户会提出哪些类型的问题？

- 用户需要访问哪些数据？
- 用于回答用户问题的查询是什么？

在引导过程中收到的答案将决定如何有效地设计数据库。数据模型和用例必须保持同步。

第2步：细化查询

细化是个迭代的过程，我们通常会一直重复细化过程，直到时间用尽。理想情况下，我们开发各类查询来回答业务问题。

第3步：收集属性和关系

理想情况下，我们希望识别出最重要的查询。这些查询会影响业务，因此业务愿意付费来实施。我们应评审逻辑模型，以确定在查询细化模型中识别出的每个查询所需的属性和关系都没有遗失。

在这个阶段，我们应该记录实体（节点）、属性（特征）和关系的命名约定或样式。在 Neo4j 中，这些项都是区分大小写的，这意味着 PET 与 Pet 是不同的实体。一致的规范指南有助于确保数据的一致性，避免数据库引入意外的术语项。Neo4j 的样式指南是个很好的起点。[1]

利用文档分析，可以从宠物之家的逻辑模型入手，将其作为收集我们项目范围内属性和关系的有效方法。根据查询需求，我

---

[1] https://neo4j.com/developer/cypher/style-guide/。

们发现有很多概念并不直接用于搜索或过滤，因此它们可以成为**宠物**实体的附加描述性属性。例如，宠物之家想要了解宠物接种了哪些疫苗以及疫苗接种的时间，如图 2-4 所示。

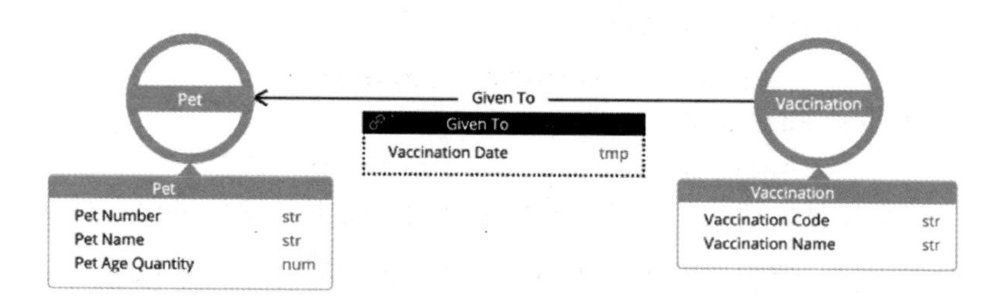

图 2-4　基于疫苗查询的图模型

通过这个模型，我们记录某个宠物接种的多个疫苗。当我们查询数据库时，可以按疫苗接种日期对结果进行排序，以显示特定宠物接种疫苗的顺序。还可以查询确定接种了特定疫苗的宠物数量。

图 2-5 所示为宠物之家完整的图逻辑数据模型(LDM)。这个模型是基于业务需求和预期查询开发的。该模型不会因为不同的查询而改变，所以可以作为所有查询的起点模型。

让我们简要地浏览一下这个模型。宠物之家用一个**宠物编号**(Pet Number)来标识每只宠物，这是在宠物抵达当天分配的唯一标识符。同时，在这个时候还会记录宠物的**名字**(Pet Name)和**年龄**(Pet Age Quantity)。如果**宠物**没有名字，那么录入宠物信息的员工会为它取一个名字，从而确保不与当前可供领养的其他宠物重名。如果年龄未知，那么宠物之家员工会估算宠物的年龄。

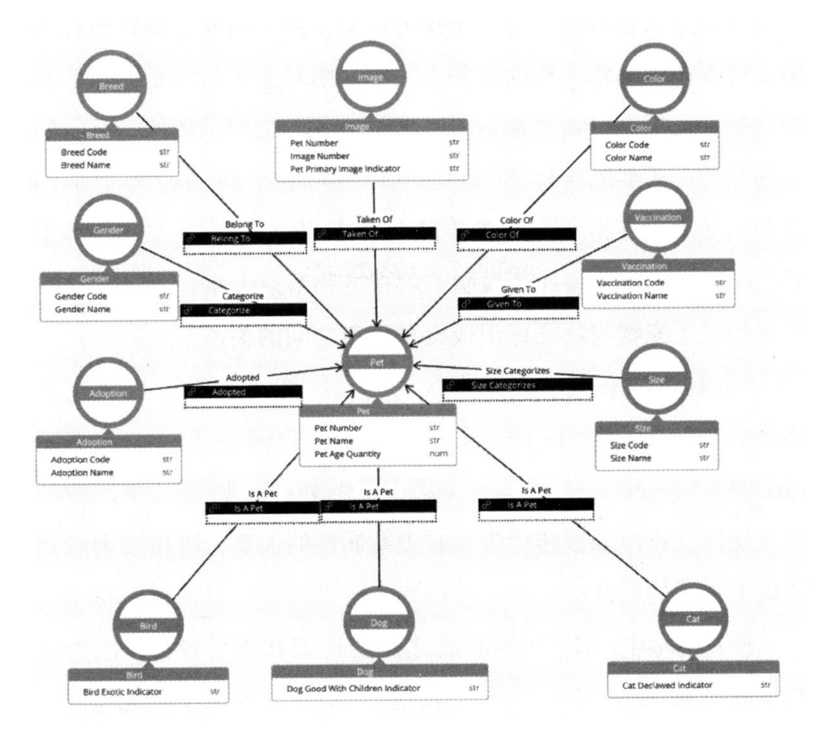

图 2-5 宠物之家完整的图逻辑数据模型(LDM)

如果**宠物**是条**狗**，录入信息的员工会进行评估，确定狗是否适合与儿童相处。如果**宠物**是只**猫**，录入信息的员工会确定这只**猫**是否已经去爪(剪指甲)。如果**宠物**是只**鸟**，录入信息的员工会记录它是否是虎皮鹦鹉这样的外国品类。

请注意模型中的两种模式。第一种是使用了编码。**性别**、**领养情况**、**体型**、**疫苗**、**品种**和**颜色**都提供了一个具有编码和含义的查找结构(例如，B 代表颜色 Brown，L 代表大小 Large)。第二种是多对多关系模式。一个**宠物**可以属于多个**品种**，接种多种**疫苗**，包含多种**颜色**，并拥有多个图像。网站上显示的宠物图像是当宠物特征标志(Pet Featured Indicator)等于Y时的图像。显示的宠物品种是**主要品种标志**(Pet Breed Primary Indicator)等于Y的品种；显示的宠物颜色是**主要颜色标志**(Pet Primary Color)等于Y的颜色。这两种模式还表明不用在宠物节点上维护外键。这些关系指示了**宠物**与特征标识或接种疫苗之间的关系。

Neo4j模型采用了一种直接的方法。您可能听说过“从表格到标签”（Tables to Labels），这通常意味着为关系型数据库(RDBMS)表分配一个标签，关系表中的列(字段)变成了图中的节点属性，连接表被转化为具有关系属性的关系，连接表上的列变成了关系的属性。

使用Neo4j，您不用担心表之间的连接和索引查找，因为图数据库是按每个实体以及与其他实体的关系来组织数据的。Neo4j允许用户根据其特定需求对数据进行建模。在我们讨论的示例中，是以传统的事务和报表需求对数据进行建模。我们还可以询问一些有关宠物或疫苗的特定问题。设想一下，如果我们现在想要检视宠物数据，看看宠物的治疗过程是否存在某种模式。对于人类来说，我们称之为患者旅程。对于宠物来说，我们可以称其为宠物旅程，如图2-6所示。

这种数据模型称为“事件驱动”模型，即通过关注一系列事件来理解宠物的旅程。当我们对事件建模时，关注的是个体宠物的行为。随着时间的推移，单一个体宠物会参与多个事件。

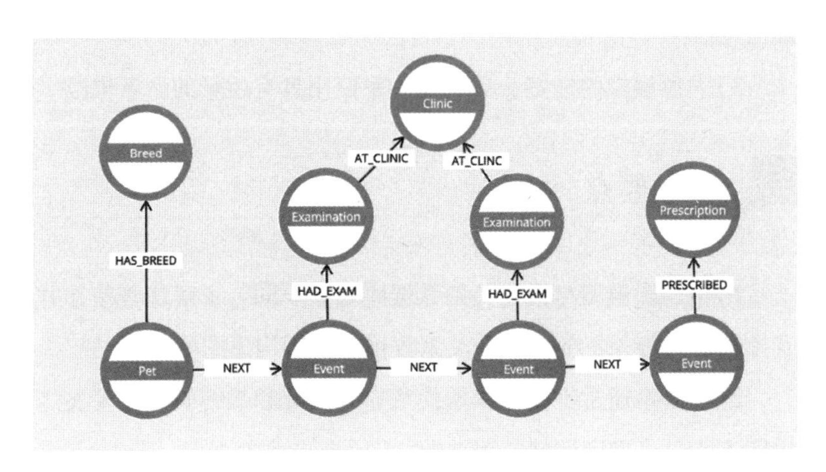

图 2-6　宠物旅程

单个宠物的旅程已经很有趣了，如能关注多个宠物旅程的集合可能会更有意义。例如，可能发现存在这样一个模式，即在开具药物处方之前，宠物经历了多次检查；或者会发现很多相似的药物处方。基于事件的建模更容易识别“异常值”，即表现出异常行为的个体。还可以根据相似行为对个体进行分组。

三个贴士

1) 用户的查询方式决定了图模型的设计。设计师要通过识别主要用户的查询方式来驱动模型设计工作。

2) 确保正在构建数据模型，而非仅仅是对已知数据进行建模，否则可能会错过某些边界情况、遗漏某些关系或其他一些关键信息。

3) 为模型中的标签、节点和关系使用具有逻辑的命名规范。

三个要点

1) 构建图模型与构建关系数据库模型不同。了解这些差异并发挥图的优势，不要像实现关系数据库那样构建图模型。

2) 图模型通常不会一次迭代就完成设计和最终确定，多次迭代后才能最终确定模型是正常的。

3) 在努力理解用户需求的过程中，不要害怕尝试不同的数据模型。

第3章

设　　计

本章将进入数据建模的设计阶段。我们将解释设计阶段的目标，为宠物之家案例设计模型，然后详细介绍设计的方法。本章

结束时会提供三个贴士和三个要点。

目标

设计阶段的目标是基于我们在逻辑数据模型中定义的业务需求来创建物理数据模型（PDM）的。设计是建模人员如何在不影响业务需求的前提下收集技术需求，同时满足该项目软硬件技术约束的过程。

设计阶段也是我们适应历史数据的阶段。也就是说，我们要修改数据结构以适应数据随时间变化的情况。例如，设计阶段允许我们不仅可以依靠最新宠物名字，还可以依靠原始的名字跟踪宠物。具体的一个例子是，宠物之家将一只宠物的名字从斯帕基改名为黛西。设计上可以同时存储宠物原始名和宠物最新名，这样我们就知道黛西的原始名字是斯帕基。尽管本书内容不涉及高频波动数据或历史数据的高效存储建模方法，比如 Data Vault[㊀]，但您需要在设计阶段考虑这些因素。

熟悉其他数据库 PDM 的数据建模人员和用户可能会期望能够定义属性类型和大小。例如，宠物名必须是长度为 30 的 VARCHAR，或者宠物编号必须是整数。Neo4j 不支持指定属性类型或大小。Neo4j 支持非空和唯一性约束。这意味着数据的类型、

㊀ Data Vault 是一种在数据仓库和商业智能中使用的数据建模方法和架构，要了解更多关于 Data Vault 的信息，请阅读约翰·吉尔斯（John Giles）的《冰箱里的大象》（*The Elephant in the Fridge*）。

大小必须在应用程序层和(或)在数据提取、转换和加载(ETL)阶段进行处理。

图 3-1 所示为宠物之家 Neo4j 数据库设计的物理数据模型(PDM)。

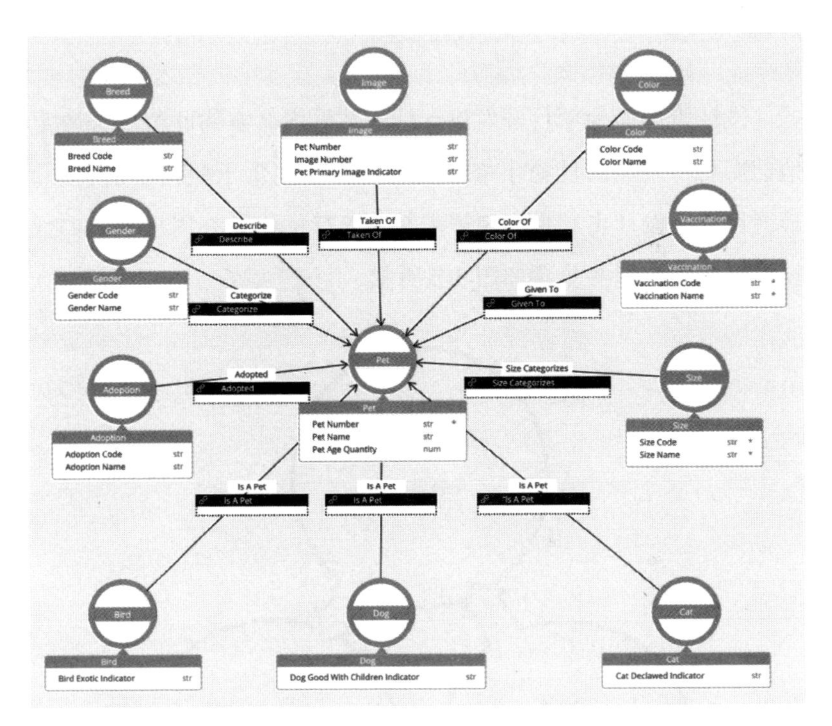

图 3-1　宠物之家 Neo4j 数据库设计的物理数据模型(PDM)

模型中已经添加了所需的数据类型和可为空的属性。请记住，Neo4j 只能支持 Null/Not Null 属性值。这个模型与逻辑数据模型保持一致，展示了节点之间的关系，包括所需的标签名称和关系类型。这个模型没有对任何关系进行逆规范化，因此仍然可以执行高效查询，我们不希望对用户施加任何人为的约束。例如，我们不想限制宠物的照片或疫苗数量。

方法

设计阶段是为项目开发设计特定数据库。宠物联盟已经决定他们需要一个灵活且易于修改的数据库，侧重于数据中的关系。最终目标是设计出满足用户需求并能支持优化最终用户查询的数据模型。完成这些步骤如图 3-2 所示。

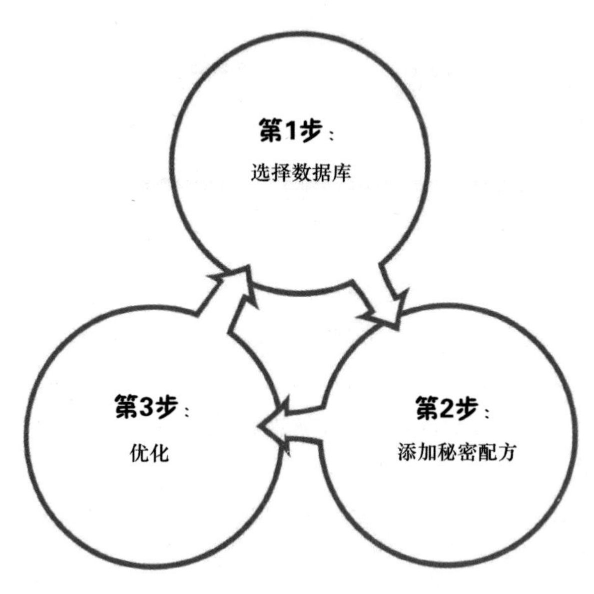

图 3-2　设计步骤

第1步：选择数据库

现在，我们了解了足够多的信息来决定采用哪种数据库对应用程序最理想。有时，最佳的应用程序架构可能会选择多种数据库。在宠物之家的这个用例中，设计师之所以选择 Neo4j，因为它在建模关系方面具有价值，并且他们希望可以采用一个能轻松适应新需求的数据库。

第2步：添加秘密配方

尽管各种 NoSQL 数据库非常相似，但每种数据库在设计过程中都有一些特殊考虑因素。Neo4j 旨在利用数据中的关系，并允许用户快速遍历这些关系以找到答案。

在 Neo4j 中，存储的是节点之间的关系。虽然这样做在加载时需要付出创建连接的代价，但在查询时，不用再次连接数据，只需查找下一个节点或关系。这一特征适用于包含几千个节点到数十亿个节点的图。下面让我们更深入地了解这一点。

在关系数据库中，对其他行和表的引用是通过主键-外键表示的。通过在连接表中匹配主键和外键，在查询时计算连接操作。这些操作计算密集，占用大量内存，而且成本消耗是指数级的。

当模型中出现多对多关系时，必须引入一个关联表(或关联实体表，称为 JOIN 表)，该表保存所有参与连接表的外键，进一步增加了连接操作的成本。图 3-3 所示为通过创建宠物品种表

(Pet_To_Breed)来连接宠物表(Pet)和品种表(Breed)，该关联表包含了宠物的 ID 列和关联品种的 ID 列。

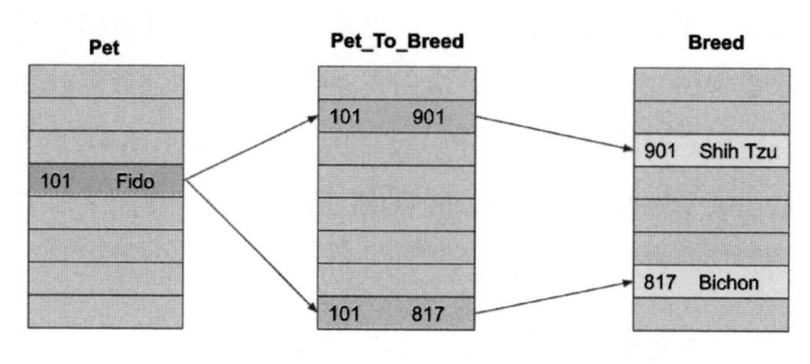

图 3-3　引入一个关联表

正如您可能已经看到的，这些连接非常烦琐，因为必须知道 Pet ID 和 Breed ID 的值(执行附加搜索以找到它们)，才能知道哪个人连接到(即属于)哪个部门。这些昂贵的连接操作通常通过逆规范化来解决，以减少所需连接的数量，但是也破坏了关系型数据库的数据完整性。

将其与 Neo4j 中的实现进行对比。在 Neo4j 中，每个节点直接且物理地包含一个表示该节点与其他节点关系的记录列表。这些关系记录按关系类型和方向(连接进入该节点称为入站、连接出该节点称为出站)组织，并可能包含一些附加属性。每当运行等效 JOIN 操作时，图数据库使用此列表直接访问连接的节点，从而消除了大量的搜索和匹配计算等工作量，如图 3-4 所示。

Neo4j 具有灵活性和一致性，您可以在运行时添加数据、节点和属性。例如，如果宠物之家决定允许用户领养蛇，应用程序可以作为查询的一部分创建一个带有蛇标签的新节点。这一点与关系型数据库有极大不同，关系型数据库需要使用 DDL 语句创建蛇(SNAKE)表。

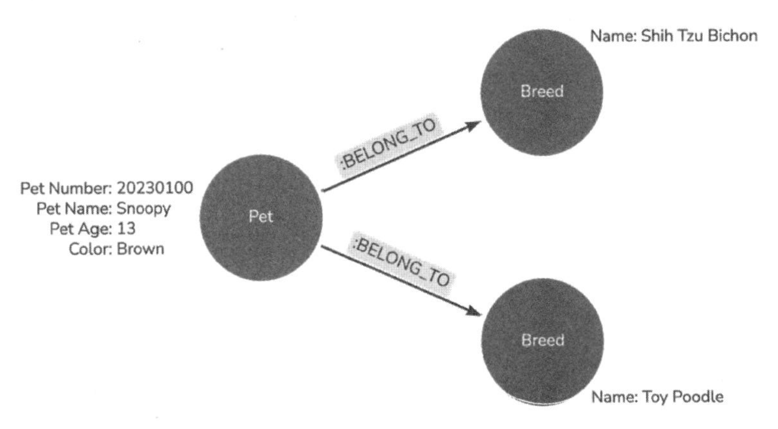

图 3-4 Neo4j 消除了大量的搜索和匹配计算等工作量

Neo4j 只是按照用户提供的方式存储数据。正如我们已经讨论过的，这在某种程度上是可选的模式。如果用户将 Pet Id 输入为字符串而不是整数，Neo4j 将接收字符串类型的数据并不会报告数据类型违规。如果用户添加了一个新属性(如是否有毒)，Neo4j 将该新属性添加到节点中。这一特性非常强大，但它确实将确保 Neo4j 输入数据类型一致性的责任留给了用户。

第 3 步：优化

类似于在关系数据库(RDBMS)物理模型中添加索引、逆范式化、分区和视图，我们会向查询优化过的(或者细化后的)模型添加一些数据库特定的功能，以生成查询设计模型(也称为物理数据模型)。

图模型的设计通常被描述为一个艺术加科学的过程。刚接触 Neo4j 的人经常会问：数据项应该设计为节点、关系还是属性？

"是节点、关系还是属性？"这个问题将事物分解为 Neo4j 可以利用的最小单元。尽管我们之前已经讨论过这些组件，但在将某物定义为节点和属性时仍然具有一定的灵活性。相比许多关系模型，这种方法不太严格，也不太容易明确定义。

回答这个问题取决于我们想要针对 Neo4j 运行的查询类型。请记住，在需求获取阶段，我们需要发现用户想要运行的查询类型。因为，Neo4j 通过标签访问节点是最快的，然后是通过关系，最后是属性。一个好的模型应该以最佳性能支持需要运行的查询。

当您考虑如何查询数据时，请考虑驱动访问图的数据元素，使用节点、标签和关系进行模式匹配是访问图的最佳方式。确定查询的起始点是决定性能的驱动因素，确定这一点应该是决定如何对图建模的主要因素之一。

回想一下宠物之家的模型，我们可以创建一个名为"**宠物**"的单一节点，并将多属性附加到该节点，包括照片、疫苗和品种等信息。通过这个模型，我们可以轻松地找到所有**宠物**，但是通过属性或属性组合进行的任何过滤或比较都会变得烦琐。这可能会满足某个查询需求，但会影响整体性能。

属性是 Neo4j 中访问速度最慢的部分。在何时以及如何使用属性一定要小心谨慎。我们可以将**接种疫苗日期**放在**疫苗**节点上，这将为每只宠物和每次接种疫苗创建一个节点。但是，如果想在特定日期范围内查找接种了相同疫苗的宠物，可以将接种**疫苗日期**放在**宠物**和**疫苗**之间的关系类型上。通过对该关系属性建立索引，这将有助于在特定日期范围内找到所有接种了该疫苗的宠物。

提示：Neo4j 支持有限的属性类型集合。请注意这些可用的属性类型，则可能会影响您的物理设计。

节点通常是访问图的主要入口点。因此，有些人会问："我们是否应该将所有属性都作为节点？"在这种情况下，我们要问问自己："我们是否要使用该节点来访问图，此对象是否存在复杂性/多重性，或者我们是否需要将此值与其他节点值一起返回给用户？"如果是的话，这些都是应该将属性保留为属性的示例。

例如，我们通常不会将一段**地址**拆分为多个节点。而是将**地址行 1** 与**城市和州/省份**一起保存在一个节点上。大多数用户不会在整个图中查找"901 M 街区"。同样，在我们的领养模型中，宠物性别应该是单一的。我们可以将**性别**节点移为属性，对该属性进行索引，这样在查询过程中可以使用索引来帮助用户。

品种属性是一个最好将其作为节点建模的典型例子。宠物可能由多个品种组成，用户希望能够找到符合一个或多个品种的宠物。因此，我们不希望将此信息存储为 Neo4j 节点内部的列表或数组，因为用户可能会把品种拼写错误，或者每个宠物的品种列表存储顺序不同，这些都使得搜索和比较变得困难。为了简化这一过程，可以把**品种**作为节点，并建立与**宠物**的关系。

三个贴士

1)在查询和表示不同实体时，节点和标签是访问图形的最佳方式。

2)关系是同时访问不同类型节点，在图中移动并筛选数据的强大方式。然而，关系属性可能难以用于其他逻辑(例如尝试在不同关系之间查找相等性)。

3)属性适用于不直接访问的数据、无法进一步拆分或复制的数据，以及被认为是节点组成部分的数据。

三个要点

1)始终站在用户角度考虑。图模型必须帮助他们回答业务问题。

2)为不同的用例创建多个图。针对特定用例的优化图将比包罗万象的图执行效率更好。

3)在 Neo4j 中，当数据被添加到数据库时，逻辑数据模型被实现为物理数据模型。开发人员负责在应用层中保证任何约束或要求的数据类型。

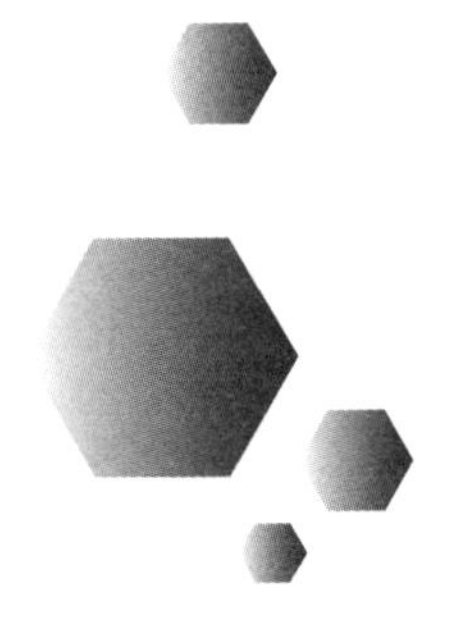

附录 A

本附录囊括了不同用例的数据模型，可以作为您图模型旅程的起点。

欺诈检测

传统的欺诈预防措施侧重于离散的数据点，如特定账户信息、个人信息、设备或 IP 地址信息等。然而今天，狡猾的欺诈分子通过形成由窃取和合成身份组成的欺诈团伙来逃避检测。要揭露这类欺诈团伙，必须将注意力超越个别数据点，去寻找把数据联系在一起的连接。欺诈检测数据模型将嫌疑人/客户与其身份关联起来，允许用户快速识别共享的标识符，并利用图数据科学算法快速识别社群。

图 A-1　欺诈检测图

实时推荐

消费者期望得到相关的推荐，企业则努力提供能够吸引客户进行消费的推荐。使用图技术，可以将客户的浏览行为和人口统计信息与其购买历史相结合，来分析他们当前的选择，并实时提供相关的推荐——所有这些都应发生在潜在客户单击竞争对手网站之前。

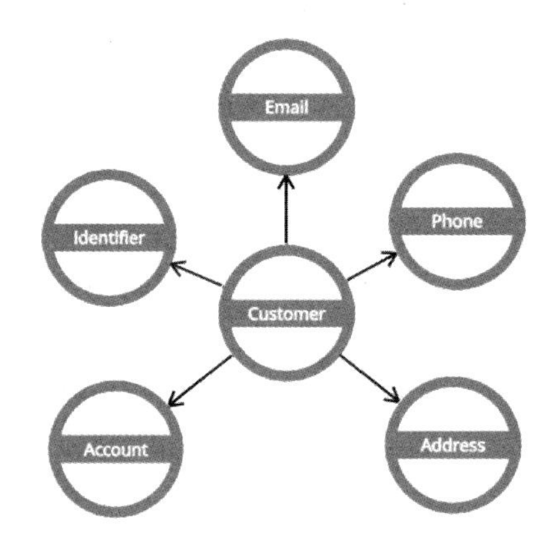

图 A-2 欺诈检测模式

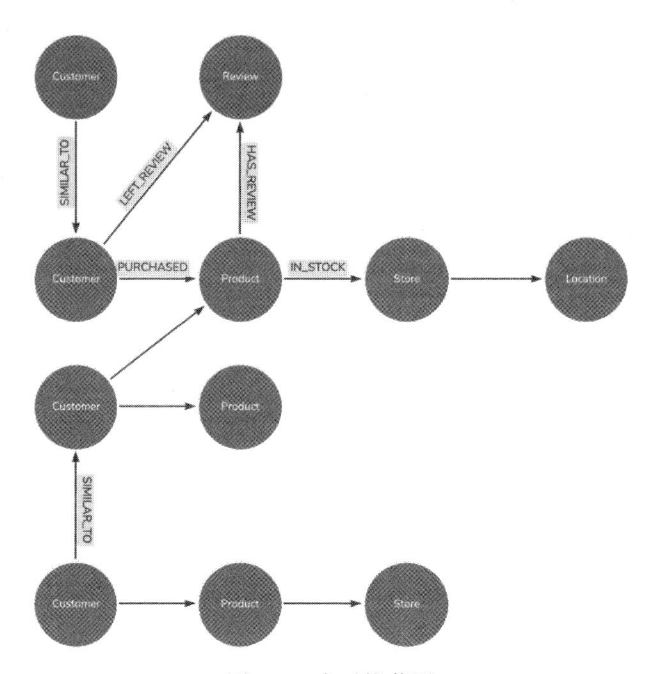

图 A-3 实时推荐图

可以把用户的购买历史记录、购物车信息和用户的反馈互动数据连接在一起，以提供有意义的信息。无论企业是想向个体推荐感兴趣的物品，还是想按产品锁定用户，将这些关系存储在图数据库中都将使企业能够为每个问题提供最相关的结果。

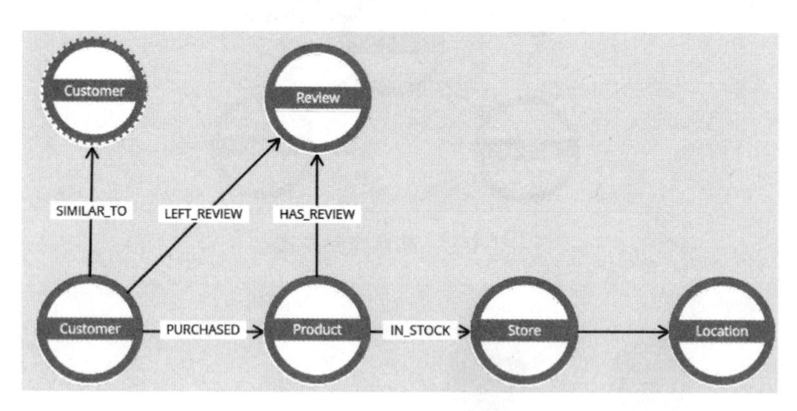

图 A-4 实时推荐模式

知识图谱

知识图谱是一个具有丰富语义的互联数据集，因此我们可以推理关于基础数据的信息并自信地将其用于复杂的决策制定。

知识图谱可以提供深入的、动态的上下文，使人们可以在一个地方找到所有相关的信息，以及所有这些数据之间的关系。随着添加更多信息，知识图谱变得越来越有价值。下图是一个地理知识图谱的示例。

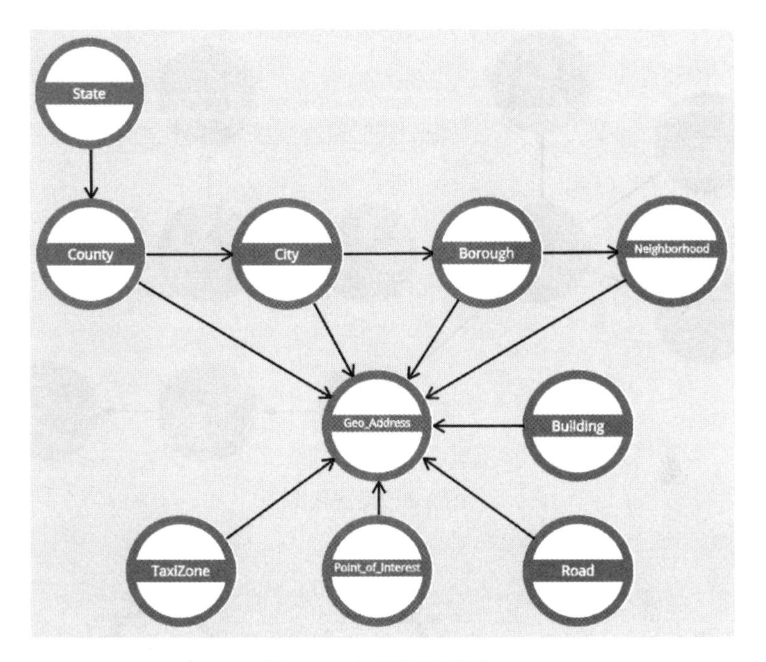

图 A-5 知识图谱模式

反洗钱

金融服务公司的反洗钱团队正在使用 Neo4j 将公司、账户和交易建模为图，以发现洗钱行为。通过图构建所有这些实体之间的关系，反洗钱团队可以把用户操作过程映射到传统洗钱行为，使用 Cypher 查询语句来自动化追踪资金如何流动以及在哪里流动。一旦发生可疑的资金转移，系统可以自动标记该交易以供反洗钱分析员审查。

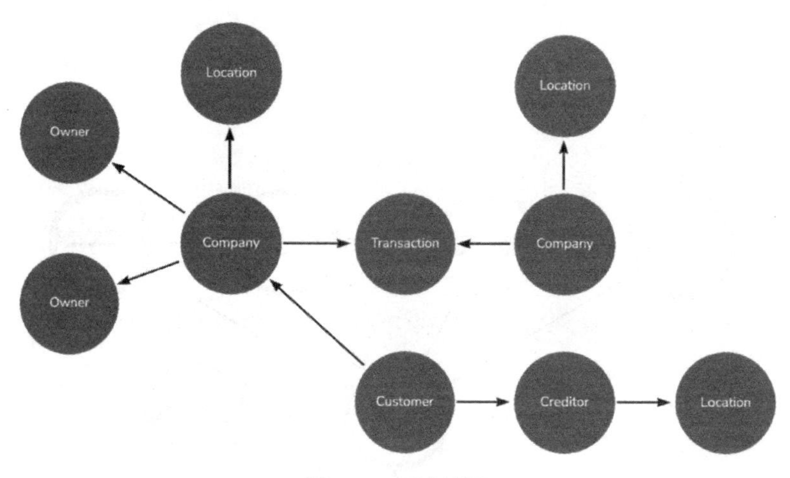

图 A-6 反洗钱图

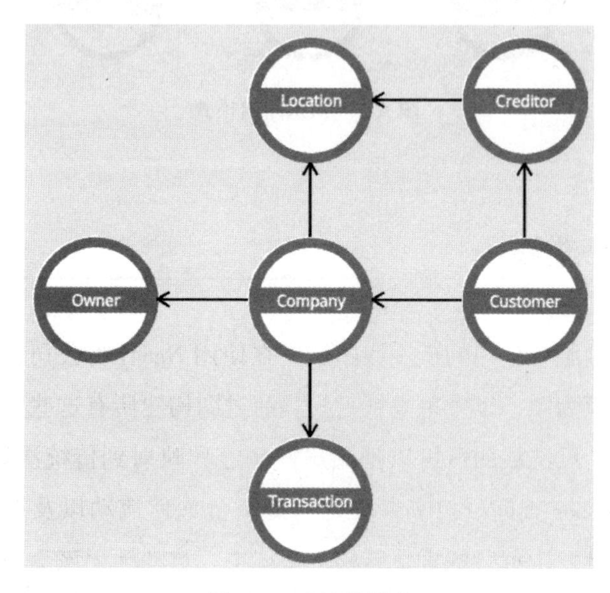

图 A-7 反洗钱模式

主数据管理

企业都存在主数据。主数据通常以不同的格式存储在许多不同的地方，有大量的重叠和冗余数据，并且存在不同程度的数据质量问题。

主数据管理(MDM)是识别、清理、存储和管理(最重要的)这些数据的实践。

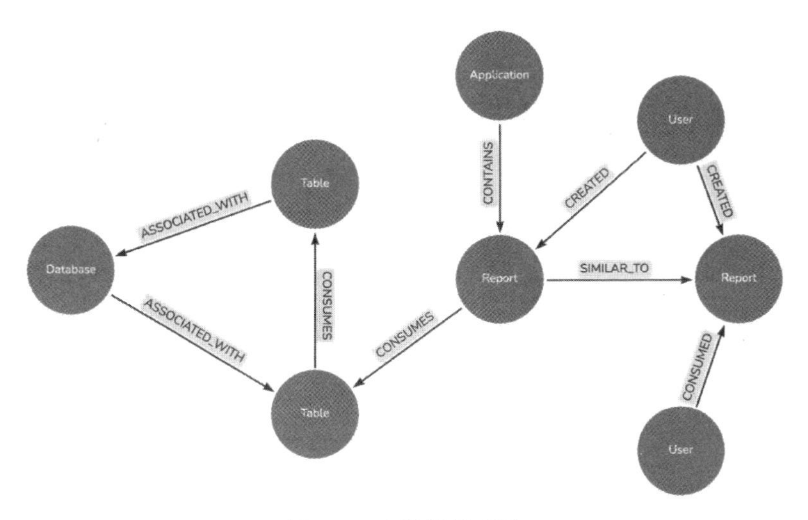

图 A-8 主数据管理图

由于 MDM 数据具有高度相互连接、不断变化并且通常处于不共享的状态，与其他数据库解决方案相比，图数据库可以更轻松地对这些数据进行建模。通过创建一个引用其他记录系统的

MDM 系统，MDM 解决方案可以轻松连接这些孤立的数据系统（如会计、库存、销售、CRM）。

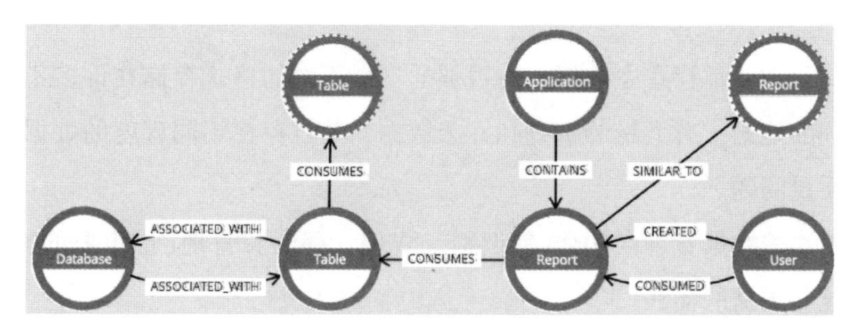

图 A-9 主数据管理模式

供应链管理

供应链通常是一个在供应商、仓库、运输以及最终的消费者之间存在着多种关系的复杂网络。当问题出现（例如产品召回）的时候，消费者希望能够更加透明地了解供应链。

同样地，当公司的供应商可能发生潜在的中断时，公司希望了解故障点以及备选方案。业务部门正在做供应链数字化转型，以更好地可视化和更好地了解与业务部门正在合作的供应商们：

- 他们的位置在哪里？
- 他们的供应商又是谁？
- 我们的故障点在哪里？

鉴于现代供应链的长度和复杂性，这些数据之间的关系大多数都不是分层或一对一的，而是相互连接且涉及多个层次的。

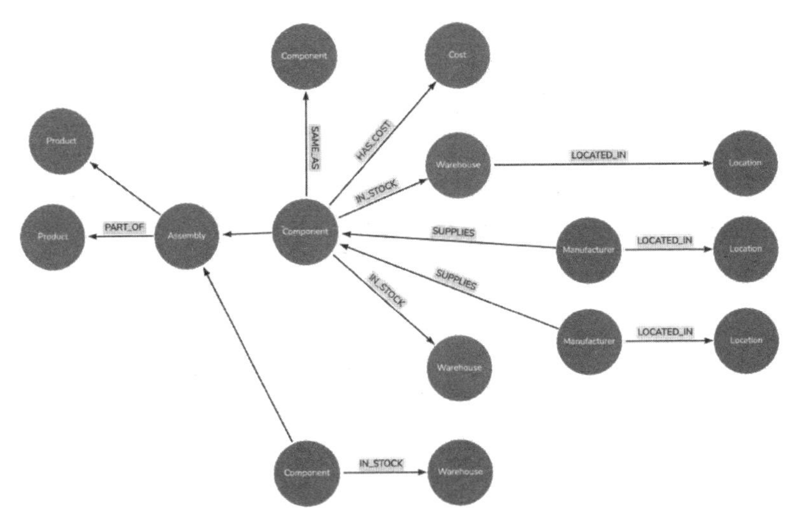

图 A-10　供应链管理图

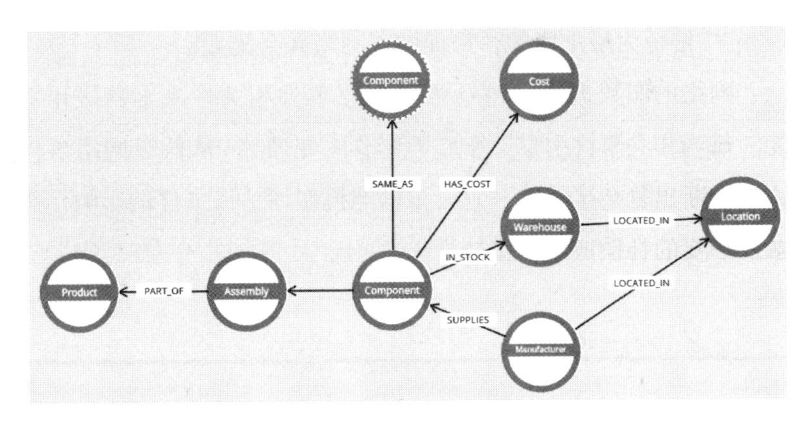

图 A-11　供应链管理架构

网络和信息技术

类似主数据管理，图数据库可以用于汇集来自不同库存系统的信息，提供了网络及其消费者的单一视图，从最小的网络元素一直到使用它们的各种应用程序、服务和客户。

IT 管理人员可以把在册资产和资产部署情况之间的依赖关系展现为可视化的网络图形。图的连接结构有助于网络管理人员能够进行复杂的影响分析，并回答以下问题：

- 特定客户依赖于网络的哪些部分：应用程序、服务、虚拟机、物理机器、数据中心、路由器、交换机和光纤（自顶向下分析）？
- 相反地，如果特定网络元素发生故障，网络中的哪些应用程序、服务和客户将受到影响（自底向上分析）？
- 是否为最重要的客户提供了网络冗余配置？

网络的图数据库建模还可以根据事件相关性来丰富操作智能。每当相关事件引擎（例如复杂事件处理器）从低级网络事件流中推断出复杂事件时，它会根据图模型评估该事件的影响，并触发必要的补偿或缓解措施。

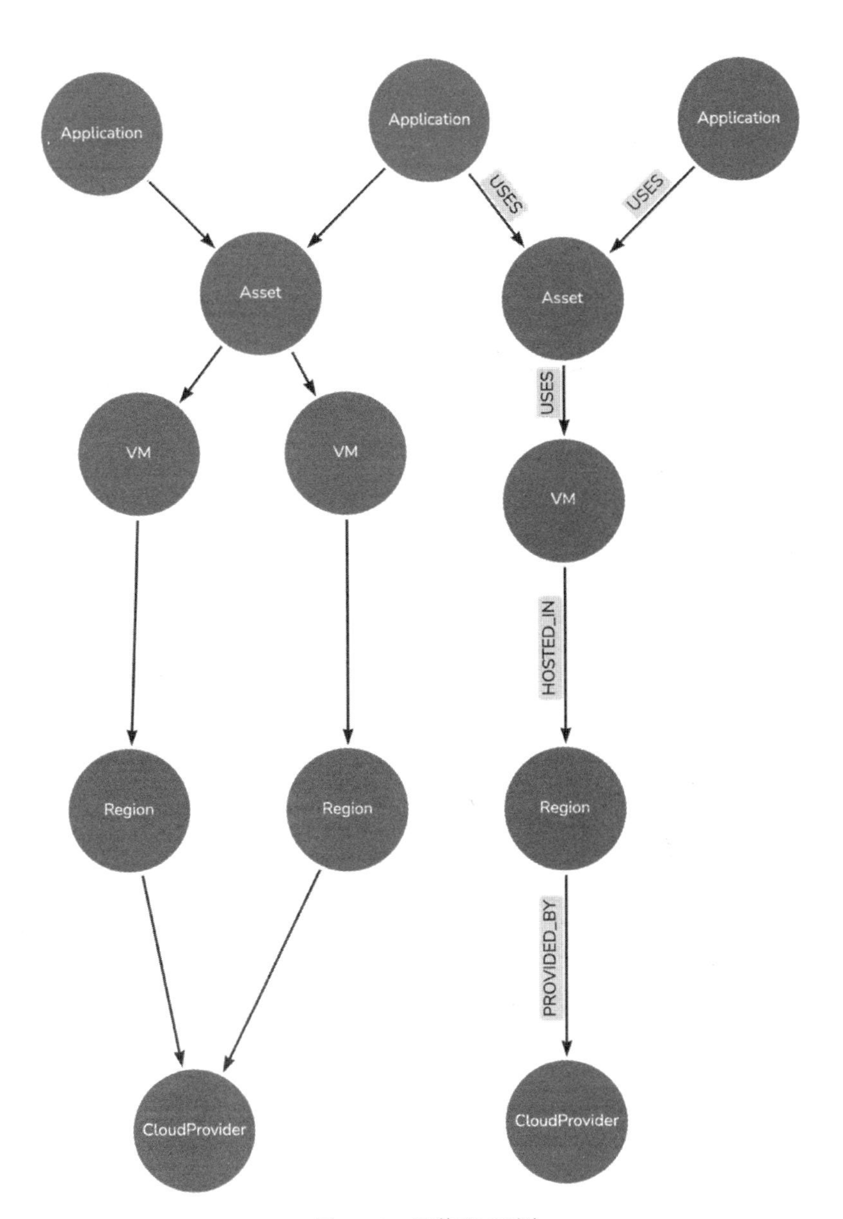
Application
Application
Application
USES
USES
Asset
Asset
USES
VM
VM
VM
HOSTED_IN
Region
Region
Region
PROVIDED_BY
CloudProvider
CloudProvider

图 A-12 网络和 IT 图

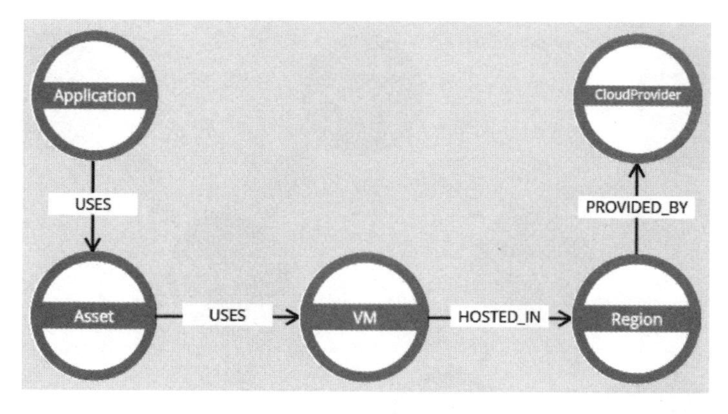

图 A-13　网络和 IT 模式

数据血缘

银行和其他受监管的金融机构需要在获得原始的、权威的数据源之前追踪数据依赖关系，这是大多数系统根本无法满足的关键要求。相比传统数据存储系统，BCBS 239 等严格要求带来的数据血缘挑战，需要更多的灵活性和持久性。

通常，金融机构通过离散的数据存储反向跟踪数据，直到其血缘终止于权威数据源。同样，即使有要求使用标准标识符，业务团队甚至在同一组织内依然使用自己的术语和算法。

数据的结构和数据的位置的要求，通常几乎不可能在单一的集中式存储中处理数据。而且具有讽刺意味的是，传统处理方式中将所有数据移动到单一存储中，可能会使数据血缘的跟踪变得更加困难。

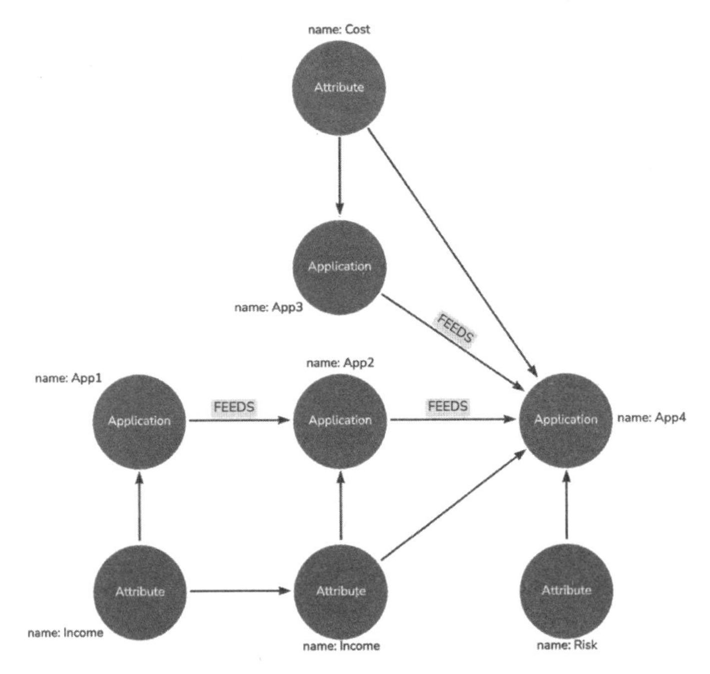

图 A-14　数据谱系图

使用图技术可以将信息集成到单一的企业级数据模型。使用图数据库可以获得单一真实的信息源，并在毫秒级时间内查询和显示那些复杂或隐藏的数据连接。

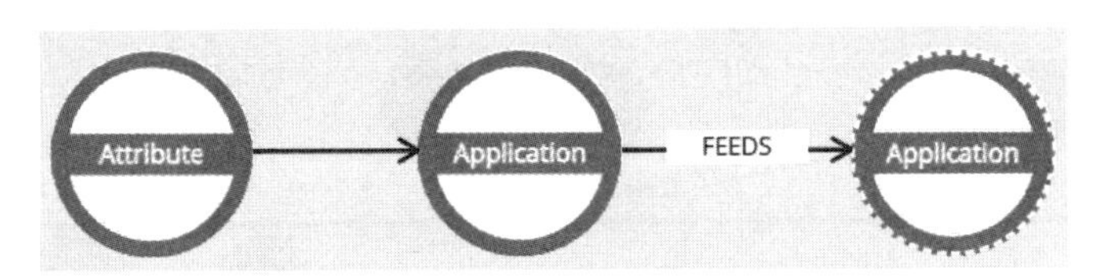

图 A-15　数据谱系模式

身份和访问管理

身份和访问管理层次结构通常可以用图来表示。管理多个不断变化的角色、组、产品和授权是一项日益复杂的任务。与网络和 IT 操作一样，图数据库访问控制解决方案允许进行自上而下和自下而上的查询：

- 特定管理员可以管理哪些资源：公司组织架构、产品、服务、协议和最终用户(自上而下)？
- 对于特定资源，谁可以修改其访问设置(自下而上)？
- 最终用户可以访问哪些资源？

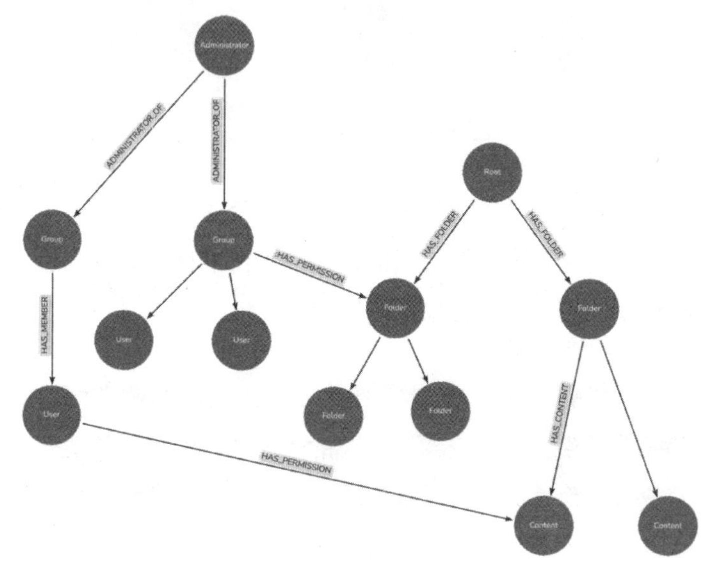

图 A-16 身份和访问管理图

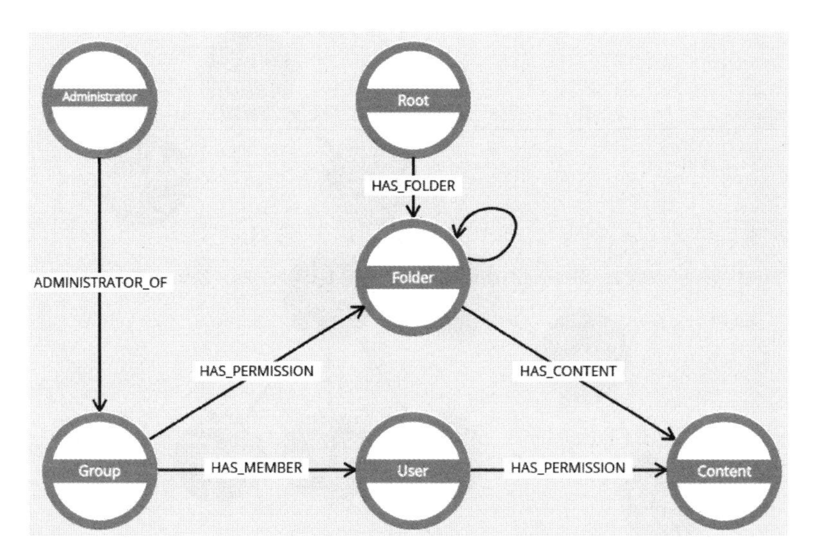

图 A-17　身份和访问管理模式

物料清单

“物料清单(BoM)或产品结构，包含了生产一个成品或最终部件所需的所有组件和零件，通常表示为带有不同组件和材料之间分层关系的树状结构。”

使用图技术，可以把 BoM 表示为图，允许客户利用图查询确定部件中心性、单点故障、最短路径或最优路径。使用图形可视化工具，这些关键元素或路径可以轻松呈现以供进一步分析。

有关使用图进行 BoM 的更深入研究可以在此找到：https://journals.sagepub.com/doi/10.1177/1847979017732638。

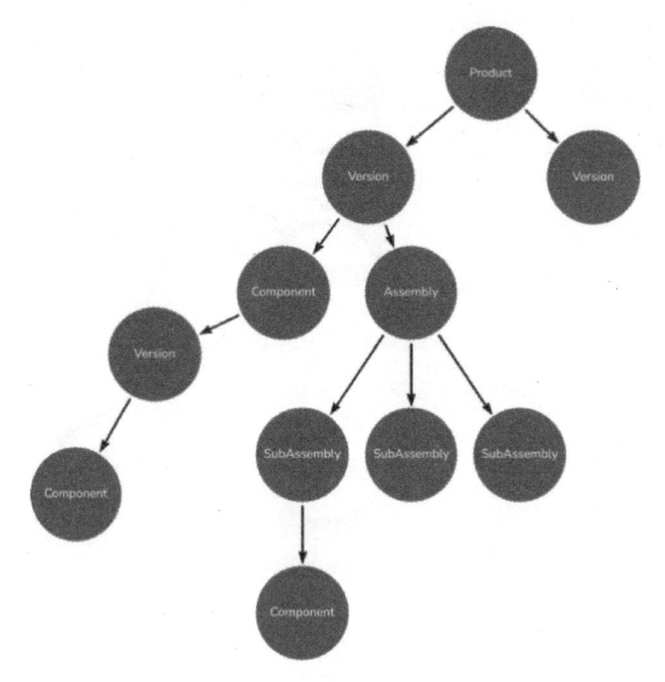

图 A-18 物料清单图

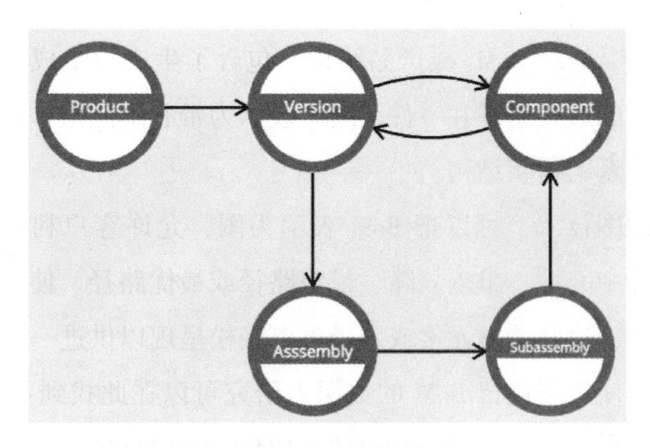

图 A-19 物料清单模式